“十四五”普通高等教育本科部委级规划教材

服装流行趋势调查与预测（第2版）

吴晓菁 编著

FUZHUANG LIUXING QUSHI
DIAOCHA YU YUCE

中国纺织出版社有限公司

内 容 提 要

本书从服装流行趋势的产生与发展入手，结合现代流行的特点与影响因素，阐述现代服装行业流行趋势的调查方式与预测方法。主要内容包括：现代流行的起源与发展，中国服装流行的发展与现状，流行的概念与影响因素，国际与国内的流行预测系统，进行流行预测需要掌握的信息，服装行业的结构特点与预测技术，以及各级相关人员的工作内容。

本书结构严谨，包含丰富的图片资料及流行报告范例，具有较强的实用性与可操作性，适合服装从业人员及相关专业师生使用。

图书在版编目（CIP）数据

服装流行趋势调查与预测 / 吴晓菁编著. --2 版. -- 北京：中国纺织出版社有限公司，2021.7（2024.3 重印）
"十四五"普通高等教育本科部委级规划教材
ISBN 978-7-5180-8481-4

Ⅰ. ①服… Ⅱ. ①吴… Ⅲ. ①服装－流行－趋势－市场调查－高等学校－教材②服装－流行－趋势－市场预测－高等学校－教材 Ⅳ. ① TS941.12

中国版本图书馆 CIP 数据核字（2021）第 064425 号

责任编辑：李春奕　特约编辑：张　程　责任校对：江思飞
责任设计：李　歆　责任印制：王艳丽

中国纺织出版社有限公司出版发行
地址：北京市朝阳区百子湾东里 A407 号楼　邮政编码：100124
销售电话：010—67004422　传真：010—87155801
http：//www.c-textilep.com
中国纺织出版社天猫旗舰店
官方微博 http：//weibo.com/2119887771
北京通天印刷有限责任公司印刷　各地新华书店经销
2009 年 6 月第 1 版　2021 年 7 月第 2 版　2024年 3 月 第 4 次印刷
开本：787 × 1092　1/16　印张：12.5
字数：236 千字　定价：59.80 元

第2版丨前言

《服装流行趋势调查与预测》即将再版，回想20世纪末与新世纪之初，中国的时尚行业踏入世界潮流不久，昂贵的专业期刊十分珍贵，大众对趋势的认知大多源于电视、电影，专业趋势预测的工作内容还很模糊，专业趋势信息的价值也还没有被认同。

当时在国内出版的美国学者丽塔·佩娜（Rita Perna）所著的《流行预测》为我们打开了了解时尚内幕的窗口。经过多年教学的积累，为了适应国内的教学体系，在中国纺织出版社有限公司的支持下，笔者编撰了专业教材《服装流行趋势调查与预测》。

随着中国的发展，世界的融合，时尚趋势之于中国，不仅不再陌生，而且中国元素也已成为世界时尚的重要组成部分。国内服装时尚行业也不再仅为世界的加工厂，随着大众对时尚学习能力的提高，国内原创设计时尚产业蓬勃发展，涌现出众多趋势网站、时尚杂志等。在新的形式与环境下，笔者对《服装流行趋势调查与预测》教材进行了资料更新与梳理，希望能继续为时尚趋势教育提供参考。本书部分内容参考了《时尚芭莎》（*HARPER'S BAZAAR*）、《时尚》（*VOGUE*）、《流行色》等杂志。

在本版的修订过程中，屈淑婷和毕静文同学为第一章和第二章的图片进行了收集与编辑，在此表示感谢！

编著者

2021年2月1日

第1版 | 前言

在流行风尚变化日益加速的现代社会，掌握流行信息对于服装产品的设计有着重要的指导意义，对流行信息的获得、交流、反应和决策速度成为决定产品竞争能力的关键因素。而对于流行信息的收集、分析与应用，无疑是强化竞争力的重要手段。设计师必须具有认知流行、掌握预测手段和应用流行资讯的能力，因此在服装高等教育的教学中，时尚流行的缘起、预测、创新与应用是培养服装职业人十分重要的内容之一。

服装生命周期的特征使流行的发展有脉络可寻，因而具有可预测性。它建立在广泛的市场调查和对社会发展趋势的全方位估测的基础上，包括各种商业、经济、人口、消费等的统计资料、新技术的发展、新的社会现象观念下的背景分析等。足够的资料和专业经验使预测往往能贴近客观现实的发展。同时，各大权威机构的预测借助现代媒体高效率的宣传，冲击了消费者的视觉和心理，使消费者在不自觉中受到引导，服装流行预测已经成为一种规模宏大的产业化研究。例如，国际流行色协会提前两年推出权威的色彩预测；巴黎PV织物博览会、德国法兰克福衣料博览会、国际羊毛局等提前12～18个月推出纱线和纺织品的预测；各国服装预测研究设计中心提前6～12个月推出具体的服装流行主题，包括文字、服装设计手稿以及实物。我国纺织服装流行趋势研究、预测和发布起步较欧美发达国家和地区要晚，但通过与国际一流的研究机构、信息机构和设计机构合作，并按照国际惯例和运作方式操作，我国纺织服装流行趋势有很大的发展，目前其发布从内容到形式几乎与国际同步。

本书编写正是基于现代服装教育中对于流行信息的收集、分析、预测以及操作技术等方面在教学上的迫切需求。“服装流行预测”是一门新兴的课程，在编写过程中特别是图片编辑过程中十分繁杂，书中不足之处，还望专家同仁不吝赐教。

本书第一章第二节“服装流行的发展演变”（部分）以及第四节“中国现代流行时尚的发展”文字内容由于芳编写。黄寒老师、李菲同学提供了部分图片，在此表示感谢！

教学内容及课时安排

章/课时	课程性质/课时	节	课程内容
第一章 （12课时）	基础与训练 （20课时）		·服装流行
		一	流行的概念和产生
		二	服装流行的发展演变
		三	服装流行的影响因素、特征与传播方式
		四	中国现代流行时尚的发展
第二章 （8课时）			·服装流行趋势
		一	流行趋势的概念
		二	现代流行趋势的形成与发展
		三	流行趋势的相关概念与常见的流行风格
		四	流行的类型
		五	流行服饰的分类
第三章 （12课时）	应用与实践 （32课时）		·服装流行趋势预测
		一	服装流行趋势预测的概念与目的
		二	服装流行趋势预测的类型
		三	流行预测的内容
		四	流行趋势发布的形式
		五	流行趋势预测体系与国际预测机构
第四章 （16课时）			·服装流行趋势的调查与分析
		一	服装流行市场的行业构成
		二	趋势预测的信息调查
		三	流行趋势预测的信息分析与提炼
		四	流行趋势的调查报告
第五章 （4课时）			·流行趋势预测的实施与操作
		一	参与流行预测的角色与工作内容
		二	物化流行的技术手段
		三	流行事实的确认

注　各院校可根据自身的教学特色和教学计划对课程时数进行调整。

目录

第四章
服装流行趋势的调查与分析

第五章

流行趋势预测的实施与操作

参考文献

基础与训练

第一章　服装流行

- 第一节　流行的概念和产生
- 第二节　服装流行的发展演变
- 第三节　服装流行的影响因素、特征与传播方式
- 第四节　中国现代流行时尚的发展

课题时间： 12课时

训练目的： 让学生了解流行的基本概念，给予学生一定的理论指导，为其观察今后的服装流行发展奠定理论基础。

教学方式： 由教师讲述课程理论，采用资料查询与总结的方法深入理解课程内容。

教学要求：
1. 使学生掌握流行的概念。
2. 使学生掌握现代流行的形成与发展演变。
3. 使学生通过资料检索以及归纳分析，掌握现代流行发展过程中的各种动因。
4. 了解我国现代流行的发展过程。

作业布置：
1. 要求学生查询资料，了解19～20世纪各时期的艺术风格。
2. 要求学生查询资料，了解20世纪各时期的主要设计师及作品。

第一节　流行的概念和产生

一、流行的概念

当前，我们正处在一个被时尚驱动的时代，“流行”和“时尚”这两个字眼越来越多地出现在人们生活的各个领域中。对于大多数消费者来说，“流行”不仅是时装领域中可接触到的一个名词，还常常与音乐、运动、休闲等联系在一起。比较其他一些行业，服装行业可以说是最早接触流行，也是流行历史上表现得最为突出的领域之一。人们一谈到流行与时尚，常常第一反应就是服装。

现在，流行越来越被人们所关注，而对流行自身的探讨也成为一种话题。那么，到底什么是流行？

广义上说，流行是指一个时期内社会或某一群体中广泛流传的生活方式，是一个时代的表达方式。即在一定的历史时期内，一定数量范围的人们，受某种意识的驱使，以模仿为媒介而普遍采用某种生活行为、生活方式或观念意识时所形成的社会现象。流行是通过社会成员对某一事物的崇尚和追求使身心等方面得到满足，具有普及性和约束力。流行虽不是道德规范，但在某些被流行所波及的社会成员中，人们所感受到的压力足以导致产生某些一致性的行为与心态。

流行涉及的范围非常广泛，除了时装、音乐外，在建筑、舞蹈、体育甚至人类的思想和意识形态领域（如文学）也都有充分的表现。表 1–1 中显示的是日本学者对不同时期流行内容的调查结果，它不仅反映了流行内容的广泛性，还反映了流行的变化与发展。

表1–1　日本学者对不同时期流行内容的调查

流行内容	1956 年	流行内容	1978 年
服饰	29.7%	服装	28.4%
发型	17.4%	体育运动、旅行、娱乐	20.5%
流行歌曲	15.7%	服饰品、鞋	18.4%
赌博	11.0%	流行歌曲	7.6%
音乐	8.7%	音乐	7.0%
语言	7.0%	语言、俗语	7.9%
体育运动	3.6%	发型	5.1%
机械、器具	3.0%	人生观、思想	3.0%
人生观	2.0%	书（含漫画）	1.6%
其他	1.9%	其他	0.5%

由于其外化的形式，服装极易被归类于流行领域。我们可以将服装流行定义为一种盛行于某

一团体之间的衣着习惯或风格。服装流行表现的是一种现行的风格，是由诸多具体元素组合形成一段时期内的整体风貌。这些元素包括颜色、领型、袖型、图案、下摆、分割线、裁剪方法、搭配方式、款式等。例如，20 世纪 60 年代流行的太空风貌具体表现为几何形式剪裁、超短迷你裙、针织连身短裙和高筒靴；而新浪漫主义风格是在简洁的现代主义基础上增添了柔美造型，这个抽象的概念可以具体表现为粉色、皱褶、上窄下宽的裙子、别致的领型、精致的细高跟鞋等几个元素的组合。

由于流行是由一些具体元素组成的，因此流行元素在不同层次的服装中都会出现。例如，荷叶边、流苏，无论在高级女装、高级成衣还是大众成衣上都会被运用，但在材质、面料、做工上会有较大的差别。

服装流行随着时代的变化而变化，其产生、形成、发展演变的形式及变化速度与周期都各不相同。流行服装通常又被称作“时装”。根据流行的不同层次，时装又有不同的含义，可以从三个相近的英文单词中理解：mode，fashion，style。

“mode”被译为“流行”，在 21 世纪时也被译为“时尚”，往往是指在设计师亲自监督下，由裁缝师制作出来的具有尝试性和先驱意义的作品，它对流行具有指导意义。

“fashion”被译作“流行”，是指时髦的事物，包括服装、妆容、生活方式、家具、食品及人物等。在服饰领域，批量生产、出售的成衣在大规模地流传以后，fashion 才能形成。因而，普及是 fashion 的重要特征。相对而言，fashion 与时装最接近。

“style”是指艺术和文学领域中某种固定的形式，在服装领域中被译为“样式”。

一种新的 mode 出现了，经过不同社会层次的演绎与传播，可以演变成 fashion。成衣制造商从对流行有指导意义的那些 mode 中，选择能代表时代精神和流行倾向的 style，根据这些 style 进行再设计，并批量生产；然后由明星人物穿着具有 mode 特征的最新样式出席各种社交场合；同时媒体对这些流行信息广泛传播和引导，使 mode 由一种倾向变为一种趋势。当批量生产的新样式进入市场，通过消费者的选择形成一种共同的生活方式，这种普及的一般化状态即成为 fashion。经过 fashion 的状态而固定成为那个时代的经典，便产生 style。从 mode 开始，只有极少数部分可以成为 style。

二、服装流行的产生

中世纪晚期，由西罗马分裂形成的欧洲各国随着科学与文化的进步，约 14 世纪形成了具有流传性的时尚。经过文艺复兴时期到 18 世纪早期，逐渐形成以法国为中心的国际流行时尚。

（一）14 世纪的时装娃娃

早期的服饰流行进展得相当缓慢，时尚的发源地为皇宫，贵族阶层紧随其后形成潮流，普通平民与昂贵的时尚服饰相距甚远。流行服饰均为手工制作，被贵族及富商淘汰的服饰成为二手服装传入民间，平民则延续着上流社会的流行样式。

早期流行，作为一种交流形式，需要某种载体使其能在欧洲各宫廷中得以传递。

根据14世纪早期的资料记载："巴黎最新的服装样式十分完美地展示在栩栩如生的'模特'身上，作为立体的流行信息传到其他国家和地区……这些服装信息的交流主要限于那些纵情享受奢华的欧洲宫廷。"[1]

这种交流方式首先由一位法国王后兴起。1397年，法国王后、查理六世之妻伊莎贝拉送给英国女皇一个真人大小的洋娃娃，并给它穿了一身法国最新时装。1404年，又送了一个按英国女皇体型尺寸设计的时装。以后，欧洲各国互相交换时装娃娃，以此表示对皇后的敬意。通过这种方式，各国女子时装在欧洲上流社会中得到传播。后来在各国平民中也开始采用这种方法，如意大利的威尼斯每年从法国进口许多时装娃娃并公开展出，而且时装娃娃曾漂洋过海被送到美国的纽约和费城。这种有趣的时装交流方法一直持续到真人模特出现之前，它大大推动了世界各国时装设计的交流与发展。

（二）服装流行信息的交流——时装杂志与时装店

时装杂志与时装店是现代流行的载体与推动力。

16世纪末期，西班牙出版了最早的服装裁剪书，上面刊登了小的服装图样，对时装式样的广泛传播奠定了基础。随着各国间的贸易往来，服饰的交流随着新的载体更加频繁而迅速，一种式样很快就从一国流传到另一国，所以欧洲各国服饰的流行样式较为一致。1627年，德·维塞（De Visa）在巴黎创办了世界上第一本报道时装的杂志《风流信使》（*MERCURE CALANT*），及时向世界各地报道巴黎及其凡尔赛宫廷的时装信息。1714年，更名为《法兰西信使报》（*MEREUREDE FRANCE*），成为法国最早的报刊之一。1794年，在英国伦敦出版的《时装画廊》（*the Gallery of Fashion*）刊登了服装设计效果图。1850年，英国的《时装世界》（*the Fashion World*）刊有服装裁剪图。

19世纪时装杂志已经普及。例如，著名的时尚杂志《时尚芭莎》（*HARPER'S BAZAAR*）于1867年创刊，《时尚》（*VOGUE*）于1892年创刊（图1-1）。随杂志一起配有1∶1尺寸的纸样，19世纪末纸样迅速发展，那些在家里自己制作服装的人，几乎完全依赖纸样。在英国，《女士》（*NEW WOMEN*）杂志从1855年创刊至1935年都捎带刊登纸样；《时尚》也发行纸样，由于非常成功，不得不单独出版《时装纸样》（*Fashion Pattern*）。

时装店同样是传播流行服饰信息的重要载体。17世纪后半期，法国在重商主义经济政策的推动下，国力得到发展，成为欧洲新的时装中心。第一批时装商店就出现在法国巴黎，并向人们出售配套的时髦服饰。巴黎最高级的时装店为"皇家陈列馆"，接待的顾客是贵族和名人雅士。其中女士服装店最为兴盛。此外还有帽店、鞋店、毛皮店、手套店、扇子店、假发店、美容店等。当然，还出现了美容、理发的专家和名师。虽然它们只为上流社会服务，价钱昂贵，但对时装的流行起到了推动作用。

---

[1] "...records dating from the early 14th century show that samples of the latest fashions, suitably displayed on lifelike figures, were sent to other regions and other countries as three dimensional fashion plates ...It was mainly confined to an interchange of ideas between the royal courts of Europe ...who ...were rich enough to indulge in such luxuries."（*Tarnowska*, 1986, p.10）

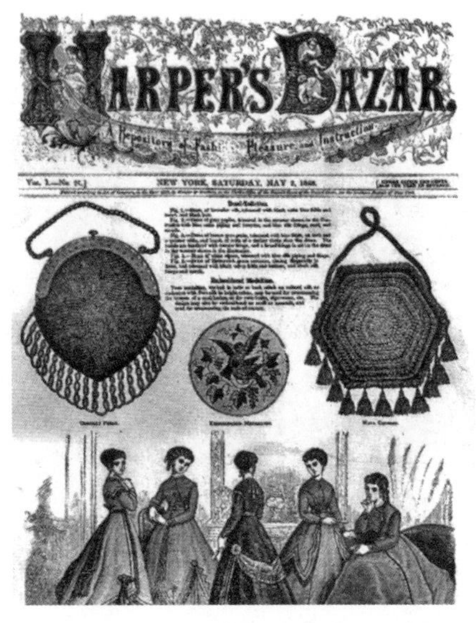

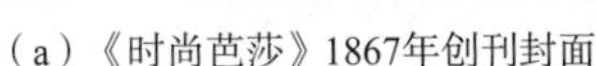
（a）《时尚芭莎》1867年创刊封面

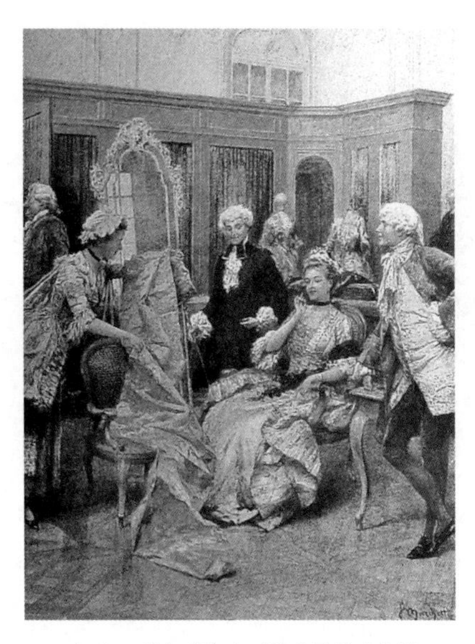
（b）18世纪贵妇在时装店里挑选布料

图1-1　早期的时装杂志与时装店

（三）法国高级女装的产生

高级女装带动了时尚革命。

高级女装出现于18世纪，随着服装设计师独立于宫廷之外而蓬勃发展。在之前的几个世纪里，时装设计师专门受雇于宫廷皇室和贵族，他们仅仅是这些名门贵族的私人裁缝。查尔斯·弗雷德里克·沃斯（Charles Frederick Worth）被称为高级女装设计之父，因为他是第一位获得成功的独立设计师，他创立的高级女装店为巴黎竖起了一面指导世界流行的大旗，进一步稳固了巴黎作为世界时装发源地和流行中心的国际地位。

查尔斯·弗雷德里克·沃斯是英国人，1846年，在他20岁时迁居巴黎。他的设计才华很快引起了上流社会女性的注意，并使她们成为他的客户。他改变了服装业的游戏规则——首创由设计师以自己的设计进行营业的历史。他是第一个将自己的穿着品位加诸客人身上的设计师，可以说是名人设计师的原型。由他自行设计、销售的服装，标志着服装设计摆脱了宫廷束缚，跨出了乡间裁缝手工艺的局限，成为一门反映世界变幻的独特艺术。

查尔斯·弗雷德里克·沃斯建立了高级女装的发展模式与方向。现在时装界的许多传统习惯都与他有关。他是第一个使用时装模特的人，也是时装表演的始祖。他从他的妻子玛丽亚身上受到启发，专门雇用年轻美貌的少女为他的服装做时装模特，展示他的设计新作，从而演变为后来高级时装发布会的形式。他创造了自己选择面料、采购面料、设立工作室、拥有专属模特、每年举办四次作品发布会等一系列崭新的经营方式。查尔斯·弗雷德里克·沃斯的事业在普法战争前夕已达到辉煌的顶点，其雇员达一千二百多人，大量成衣出口，甚至每星期都要为各式各样的舞会提供百余套舞会装，其设计作品如图1-2所示。

查尔斯·弗雷德里克·沃斯的另一个重要贡献就是把服装商品化、工业化，为后来的高级成

（a）1864年具有新洛可可风格的服装

（b）1880年具有巴斯尔风格的服装

图1-2 查尔斯·弗雷德里克·沃斯的作品

衣业奠定了一定的基础。

1868 年，查尔斯·弗雷德里克·沃斯还组织创建了巴黎第一个高级女装设计师权威组织——“女装联合会”，这个组织在 1885 年改名为“法国高级女装协会”，1911 年改名为“巴黎女装协会”，在 1936 年最后命名为“高级女装协会”，现属于法国工业部下属的一个专业委员会。

查尔斯·弗雷德里克·沃斯的成功也带动了其他服装设计师建立自己的服装事业。在他 1895 年 3 月 10 日去世之时，已经在时装界建立了一种新形态，并成为其他设计师遵循的模式。继他之后出现了一批时装店，时装在国际流行中心——巴黎迅速发展起来。

第二节 服装流行的发展演变

一、现代服装流行的发展基础

（一）第一次工业革命带来服装面料上的科技进步

第一次工业革命发生在 18 世纪中后期的英国，这场革命的风暴始于 1733 年发明的飞梭。

第一次工业革命以机械化生产和纺织工业为特征。18 世纪初期，虽然传统手工业和商业的作用不容忽视，但经济结构的主体是农业，经济活动的主角是农民。18 世纪中后期，蒸汽机的出现，推动了工业革命，成为世界经济现代化的起点，现代工业经济逐步取得主导地位，见表 1-2。

表1-2 18世纪与服装相关的主要发明

年份	发明家	发明
1733 年	约翰·凯伊（John Kay）	飞梭
1764 年	詹姆斯·哈格里夫斯（James Hargreaves）	珍妮纺纱机
1769 年	理查德·阿克莱特（Richard Arkwright）	水力纺纱机
1785 年	爱德蒙·卡特莱特（Edmund Cartwright）	动力织布机

18 世纪末，工业革命继续向欧美大陆扩展，美国的纺织业有了新的进步，为成衣的发展和时尚的普及奠定了基础。突出的人物包括塞缪尔·斯莱特（Samuel Slater，1768—1835）和弗朗西斯·卡伯特·洛厄尔（Francis Cabot Lowell，1775—1817）。

塞缪尔·斯莱特是英裔美国纺织业先驱。早期美国纺织材料几乎都依赖于进口：从意大利、法国以及中国进口丝绸，从英国进口毛料、印花布、羊绒。在那时，英国限制技术的出口以保护自己的工业。尽管如此，塞缪尔·斯莱特记住了理查德·阿克莱特的水力纺纱机和其他机器。1789 年，他化装成一个农场工人航行去了美国。1793 年，斯莱特凭借记忆成功复制了阿克莱特纺纱机，并在美国建立了自己的纺织厂，生产布料，第一次体现了时尚的独立性。

弗朗西斯·卡伯特·洛厄尔进一步发展了动力织布机，并且成功进行了垂直操作，从原材料棉纤维到最后面料的织造由一条生产线完成。弗朗西斯·卡伯特·洛厄尔于 1814 年在美国沃尔瑟姆建立了第一家纺织厂，安装的是自己设计制造的动力织布机。这种新式织布机标志着大规模纺织业在美国诞生（图 1-3）。

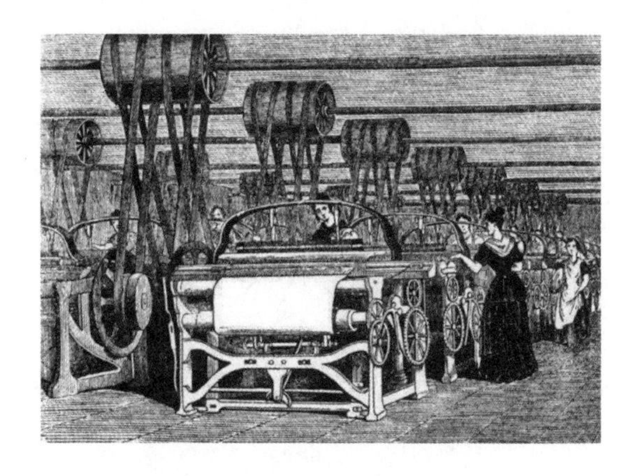

图1-3 19世纪的美国纺织厂

（二）18 世纪后期中产阶级的增长使时尚范围扩大

18 世纪后期，工业革命推动了欧美的经济发展，引起了社会结构的变化，中产阶级成为社会的中坚力量。特别是第二次工业革命以后，中产阶级有更多的钱花费在奢侈品上，包括更好的衣服，其消费能力的不断增强引起新的时尚潮流，时尚变成身份的象征。19 世纪产业革命进一步为人们带来了新的生活方式，发生了诸多与流行相关的社会事件，中产阶层也需要借助服装参加各种社交活动，见表 1–3。

表 1–3　与 19 世纪流行相关的社会事件

事件	具体内容
维也纳圆舞曲	起源于奥地利，圆舞曲大约作于 19 世纪 70 年代初期，其风格清新、乐观、积极向上
爵士乐	爵士乐形成时间是 19 世纪末至 20 世纪初。其公认的发祥地是美国南部路易斯安那州的一个亚热带城市——新奥尔良
胸针	19 世纪以来，胸针成为极为流行的珠宝配饰，设计丰富多变
康康舞	19 世纪末，巴黎蒙马特区的红磨坊以女子露大腿的康康舞再度扬名世界。无论贫贱聪愚，人人可来此狂欢，各色各样的人为这个地方增添华丽、颓废的魅惑色彩
新艺术运动	1890 ~ 1910 年的艺术风格运动，1900 年达到高潮。受其流动曲线的造型样式影响，女装廓型呈 S 型

从西服的形成可以观察到这些变化（图 1–4）。

（1）路易十四时期，男人的服装和女人的服装一样复杂、烦琐、精细。

（2）18 世纪，随着中产阶级的成长，商业人士想建立受尊敬和被信赖的形象，男式服装向英国军服风格看齐，出现西服套装的雏形。

（3）19 世纪，男人的服装采用固定、保守的形式，如威严的西服、长裤以及夹克、背心、衬衫、领带。男人的这种商业装扮基本被固定且只有极少的细节变化。

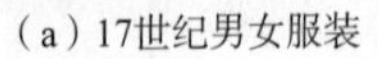

（a）17世纪男女服装

（b）18世纪后期男女服装

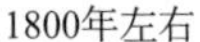

1800年左右　　1839年左右　　1860年左右

（c）19世纪男女服装

图1-4　17～19世纪男女服装

（三）第二次工业革命促使服装的批量生产

19世纪初，工业革命开始向欧洲和欧洲的殖民地扩散，19世纪下半叶，德国和美国成为第二次工业革命的中心，电气化和化学工业成为主角，机械进入商业化实用阶段。

第二次工业革命，大大加速了世界经济现代化的进程，是世界经济现代化的快速发展时期，对世界经济的直接影响开始呈现。对纺织行业最大的促进便是缝纫机的发明，它的使用促使了真正意义上的现代流行的产生。工业革命还促使了工作服的产生以及女性分类服装的产生，从而出现了批量服装，而服装的批量生产导致每个人都可进入流行时尚的潮流。第二次工业革命对服装流行的促进作用主要在以下三个方面。

1. **缝纫机的发明**

（1）缝纫机的第一个专利是伊莱亚斯·豪（Elias Howe）在1846年申请的。

（2）直到1859年，艾萨克·辛格（Lsaac Singer）发明脚踏板以前，缝纫机都是靠手动的。

（3）大批的缝纫机使服装的批量制作成为可能，从而导致每个人都可进入流行时尚的潮流。

（4）直到1921年，才出现能被应用的电子自动化模型。

2. **工作服的产生**

德国人利维·施特劳斯（Levi Strauss）想出售帆布制成的帐篷和四轮马车覆盖篷给黄金矿工，而矿工则要求他制作持久耐用的裤子，且要有能放工具的口袋，因此他使用金属铆钉使口袋牢固地固定在裤子上。这种裤子在当时十分流行，于是他开设了专门制作这种裤子的商店。后来他改用法国尼姆市（Nime）生产的坚硬的棉织物，又称斜纹哔叽布料。这就是最初专门为劳动者制作的工作服。

3. **纸样出售与批量服装的产生**

（1）1863年，美国开始出售纸样，产生量产概念。

（2）在19世纪80年代，制造上下分开的宽松上衣和裙子，使妇女成衣的生产成为可能。

（3）吉卜森女孩风格（gibson girl look）[1]：高领、长袖的宽松上衣和裙子。吉卜森女孩风格实际使女性显得更为柔美，并且能在任何场合下穿着。这种改革使工作或中产阶层妇女增加了她们衣橱中的服装种类，简化了服装搭配，并且为代表美国简洁、实用的时尚女装风格奠定了基础。

二、服装流行的演变

（一）20世纪早期——设计师成为指导流行的权威

查尔斯·弗雷德里克·沃斯的成功对许多设计师来说都是一个强烈的刺激和启发，从而引发了一些设计师的效仿。于是，在巴黎逐渐形成了以上流社会和高级顾客为对象的高级时装业，法国设计师成为指导流行的权威人物。

19世纪末到20世纪上半叶，巴黎时装界人才济济，历史进入一个由设计师创造流行的新时代。在这个时代，法国设计师在流行浪潮里始终处于中流砥柱的位置，他们将原来漫长的演化过程转变成一种革命性的举动。同时，科技的进步从不同层面上改变了人类自古以来构筑的生活模式和价值观，为20世纪新的生活方式的到来进行了各种物质和精神准备。对应着社会形态的变革，服装样式也处于向现代社会转变的时期。

1. 20世纪初——变革与解放

20世纪的前十年是解放的年代，保罗·普瓦雷废除紧身衣、美国的吉卜森女孩风格的出现、运动装的广泛流行等，都反映了女性服饰的极大改变。

代表人物：保罗·普瓦雷（Paul Poiret）。整个20世纪的上半叶，保罗·普瓦雷可以说是时装的代表人物，也是第一位被称为“革命家”的设计大师。他创立了橱窗的陈列方式，使流行更贴近大众；1906年，他推出高腰身的细长型希腊风格，宣告了数百年来紧身胸衣的结束，大声疾呼将女性从躯体束缚中解放出来；他在收小的霍布尔裙（hobble skirts）裙摆上做了一个深深的开衩，将新世纪女装设计的表现重点移向腿部；1912年，他亲自率领12名模特到欧洲各国的首都和主要城市，展示自己的设计作品，使时装交流的范围扩大；他还是第一位赴美国的设计师，他的努力使巴黎时装在海外得以宣传和发展。他从俄罗斯的芭蕾舞团以及东方和古希腊、古罗马服饰元素中取材，强调自然、简单、舒适的设计，不但在服装形式上让人耳目一新，色彩上也转趋强烈，很快就受到广大女性的欢迎。保罗·普瓦雷彻底颠覆了女性的外在，打开了女性的内在和思想，塑造了一种全新的女性形象。

2. 20世纪20年代——新形象

20世纪20年代是一个革新的年代，摆脱战前的旧观念是巴黎高级服装设计师的新目标，是

[1] 吉卜森女孩风格：查尔斯·戴纳·吉卜森（Charles Dana Gibson）是一位美国的插画家，在19世纪90年代创造了一个被称为吉卜森女孩（gibson girl）的新女性形象。在这种形象中，女性里面依然穿着紧身胸衣，但是外衣已经是全部分开的。吉卜森女孩穿着绣花衬衫上衣（shirtwaist blouse），带着海军帽，打着蝴蝶领结，自信、独立、运动的风格为当时美国的年轻女性形象做了新的完美诠释，成为美国的时装文化代表，也带动了当时美国时装市场的蓬勃发展（http://www.vogue.com.cn/）。

现代功能性服装的开始。自由恋爱、有学问、有职业是战后新女性的理想形象，正如小说描写的那样，寻求适宜运动的服装，短发、齐眉的钟形女帽、高腰宽松且裙长至膝的套装成为新的流行趋势。在巴黎的高级服装店中，像加布里埃·香奈儿（Gabrielle Chanel，别名 Coco Chanel，1883—1971），玛德琳·维奥内（Madeleine Vionnet，1876—1975）等设计师成为引领当时流行趋势的先驱。

（1）代表人物：加布里埃·香奈儿。香奈儿促进了巴黎高级女装在 20 世纪 20 年代的第一个鼎盛时期。她打破了所有的传统，根据自己讲究功能大于舒适的哲学，为当时的女性解放运动做出了新的诠释，创造了男式女套装，缩短了裙子的长度，而简单的毛衣、休闲服装和人工宝石等都成为她的品牌标志。第一次世界大战之后，她的生意并没有受到影响，反而其营业规模有所扩大。她把设计的服饰种类和对象进行扩展，为更多不同的人设计更多不同的时装。她改变了时装设计的观念和视野，把时装从以男性眼光为设计中心的一贯态度转变为以女性想法和美观为出发点的设计。而在当时人们对黑色的看法已经有了新的转变，不再代表上流社会的传统保守或是战时的肃穆。1926 年，她发表的黑色小洋装（little black dress）被称为"时装界中的福特汽车"。在当时，福特汽车是销售第一的名车，由此可见社会对她的评价之高。至此之后，黑色小洋装成为好莱坞明星和贵族的最爱。

（2）代表人物：玛德琳·维奥内。玛德琳·维奥内是 20 世纪初重要的服装改革家之一，被认为是 20 世纪三位最伟大的、具有创意的时装设计师之一。1919 年，她发明了斜裁技术（bias draping），使身体摆脱了服装的贴身与束缚。她的设计强调剪裁，她发明的"不对称剪裁"（bias cut）至今仍无人能出其右；此外，她对服装质料的研究也相当突出，认为柔软的质料才能突显女人的美丽，因此她善于大量使用丝绸、天鹅绒等质料创造出飘逸的美感，从这点可以说她是今日晚礼服设计的始祖。

3. 20 世纪 30 年代——复古与新材

20 世纪 30 年代是一个充满变动的年代，从世界性的经济崩盘到第二次世界大战结束，法西斯主义的肆虐和无情的经济大萧条，使这个年代的人们虽然表面上看起来平静无事，但却随时都预示着一场暴风雨的来临。这种类似于集体麻痹的现象也出现在时装的流行取向上。人们不再喜欢 20 世纪 20 年代那种缺乏女性味的中性打扮，转而回头追求更具女人气质的穿着。人们在这种典雅的复兴风潮中，满足了对物质的享受和追求，也奠定了这十年的时尚基础。

好莱坞的兴盛，对 20 世纪 30 年代服装的流行产生了重要的影响。电影明星的穿着打扮成为人们竞相模仿的对象，促使大量的设计师投入电影服装造型设计中，美丽的服装透过这些动人的女性呈现出来，造成强大的感染力。

20 世纪 30 年代也是服装新材料开发初露头角的时代。例如，拉链被应用到长筒靴和内衣上，1938 年英国服装所使用的人造丝占服装材料的 10% 左右。这个时期具有时代特征的设计师当属埃尔莎·夏帕瑞丽（Elsa Schiaparelli）。

代表人物：埃尔莎·夏帕瑞丽。意大利传奇服装设计师埃尔莎·夏帕瑞丽有"妖艳女王"的封号。在 20 世纪 30 年代，她风靡整个巴黎。她于 1935 年创立时装店，把意大利人的热情与法国人的趣味结合起来，想象力丰富，设计大胆新奇，甚至怪诞。她的作品进一步消除了女性服装的阶级之分，具有超现实的设计观念和手法。设计时最着重于女性的肩部和胸部，曾尝试将男性垫肩加入女性服装里，当时被认为是相当具有想象力的创造。她对时装最大的贡献在于带领时装度过20世纪30至40年代的转型期。她在设计上屡屡有惊人之处，风格大胆、前卫，甚至有点娱乐性，令人印象深刻。尽管当时巴黎的高级时装店无视服装新材料，然而，埃尔莎·夏帕瑞丽则积极使用人造纤维，先后在1930～1932年使用了人造丝、玻璃纸和人造丝绸，走在了时代的前列。

20世纪早期与流行相关的社会事件，见表1-4。

表1-4　20世纪早期与流行相关的社会事件

年份	事件
1905年	保罗·普瓦雷推出细长型的希腊风格
1910年	保罗·普瓦雷推出霍布尔裙（hobble skirts）；俄国芭蕾舞团访问巴黎，保罗·普瓦雷受到来自东方艺术的影响，发表东方风格（oriental style）作品
1914～1918年	第一次世界大战
1915年	加布里埃·香奈儿创办时装店
1918年	英国妇女获得投票权
1919年	德国包豪斯（bauhaus）学校成立；出现宽腰身的直筒型女装；加布里埃·香奈儿推出“香奈儿套装”
1922年	小说《拉·杰尔逊奴》出版，穿短裙、留短发的职业女性被称作“杰尔逊奴”（garconne style，假小子）
1929～1933年	世界经济危机
1935年	埃尔莎·夏帕瑞丽创立时装店
1938年	美国杜邦公司推出尼龙纤维
1940年	英国发明涤纶

（二）20世纪中期——成衣的发展以及流行的大众化

随着第二次世界大战的到来，20世纪30年代的奢华风也随之消失，取而代之的是简单实用的风格；20世纪40年代，服装的款式也变得保守起来，有时甚至很难区分男女服装的差别。

1. 20世纪50年代——复兴的奢华

第二次世界大战之后，法国时装再次活跃起来。在1947年的巴黎时装发布会上，克里斯汀·迪奥（Christian Dior，1905—1957）发表了新作，即刻被命名为“新风貌”（new look），并由此奠定了20世纪50年代以后世界时装的流行方向。这时，法国高级时装迎来了第二次鼎盛时期，在巴黎高级时装店引导着世界服装发展趋势的同时，世界各地的年轻一代也对服装表现出了极大的热情。

（1）代表人物：克里斯汀·迪奥。20世纪40年代末期，克里斯汀·迪奥以“新风貌”震撼了整个时尚界。1947年，在他的首个时装发布会上出现了一个全新的妇女形象，高胸、细腰、圆肩、丰臀。“我们正从战争中走出，让妇女从制服和箱型军服中走出……”克里斯汀·迪奥用豪华而贵重的装饰和大量的织物塑造出丰满的女性的崭新形象，给当时仍活在战争阴影下的妇女带来了梦幻色彩。

配合法国版《时尚》和美国《生活》杂志的大量报道，克里斯汀·迪奥一夜之间在欧美各地成名，他的首个系列被传媒称为革命性的“新风貌”。全部采用最名贵的面料，单是一件经典的圆拱伞裙就使用了18m布料，其新风貌女装售价昂贵，在当时的贵族女性中，穿着克里斯汀·迪奥设计的时装就等同于拥有高贵的身份。“新风貌”代表着年轻、希望和未来，他一扫第二次世界大战以来巴黎时装界的沉闷和单调，给战后女性提供了展现优美身段及重新包装自己的机会。

20世纪50年代开始，人们急于摆脱第二次世界大战的阴霾，希望摆脱男性般制服的硬朗风格，回归到女性的温柔华丽中。在“新风貌”之后，克里斯汀·迪奥推出了一系列令人惊艳的服装：裙摆摆动如花冠散开的设计，以英文字母A、H、Y为廓型的服饰，构成了那个时代的主要趋势。此外，他所设计的一袭优雅高贵的鸡尾酒会服（cocktail dress）再度震慑所有人。其特色在于前胸呈“V”字形或心形，开领极低，吊带在肩膀附近，展露胸部和几乎整个肩部，性感撩人，裙摆长及小腿，但又比正式晚礼服稍短。不但适合各个年龄段的女性穿着，且无论出席晚会还是休闲场合，皆相当合适。这身礼服在当时引发了新的革命。在当时，所谓的时尚潮流基本上就是克里斯汀·迪奥的潮流，鸡尾酒会服也成为所有设计师争相效仿的单品。

（2）代表人物：克里斯特巴尔·巴伦夏加（Cristobal Balenciaga，1895—1972）。法国籍西班牙高级时装设计师克里斯特巴尔·巴伦夏加，创作出许多新的服装轮廓以及平缓的随季节演变的服装款式。其设计有棱有角，在戏剧服装设计中常将黑色与茶色搭配，看上去简朴，却裁剪精巧，充满贵族风采。20世纪50年代以后，他推出了蚕茧式外套、气球式礼服、宽松式长裙、筒式裙、软套装夹克、高立翻领和四分之三中袖服装等款式。在服装材料的运用上，他讲究有视觉与触觉的质感，如面料的力量与垂感，表面肌理、光泽等。“流行是靠他的思想兴起的……美国的顶尖流行服装设计师应该向他学习。”这是出自1958年《每日妇女服饰品》杂志的评论。他勤奋精细，从设计、选料、裁剪、缝制到试穿，甚至服饰配件，每一个细节都亲力亲为，包括模特的站姿、走姿、表情，他对待服装和美的传达犹如对待一件精美的艺术品。

（3）代表人物：休伯特·德·纪梵希（Hubert de Givenchy，1927—1995）。20世纪50年代是重现时装的兴盛时代，也因此更容易促成巨人的崛起。1952年休伯特·德·纪梵希于巴黎创立自己的品牌，其品牌的4G标志代表古典、优雅、愉悦和他本人。他最重要的转折点是1953年与奥黛丽·赫本（Audrey Hepburn）的相识，休伯特·德·纪梵希的才华配上奥黛丽·赫本的独特气质，让他的设计获得了人们的重视。结为好友的两人，也变成事业上的好伙伴，休伯特·德·纪梵希不仅为奥黛丽·赫本设计日常服饰，也为她所主演的电影设计服装。1957年，奥黛丽·赫本在影片《甜姐儿》（*Funny Face*）中穿着的一袭象牙白色手工刺绣礼服，不但是她生前的最爱，更是经典中的经典。

（4）代表人物：奥黛丽·赫本与詹姆斯·迪恩（James Dean）。从20世纪30年代开始，人们便从明星身上寻找时尚灵感。20世纪50年代以后，年轻消费群体的出现使明星引领时尚的作用已成格局。奥黛丽·赫本当年靠着《龙凤配》（*Sabrina*）崛起，银幕上她高贵甜美的形象，迷倒了无数的少男少女。1953年，她以电影《罗马假日》（*Roman Holiday*）里的“安妮公主”（Princess Anne）一角而赢得奥斯卡最佳女主角提名奖。奥黛丽·赫本的脸庞清爽、美丽、无瑕，气质高雅、风采迷人，令人眼睛与精神皆感到愉悦，时至今日依然是所有男女心目中的女神。另外，她的衣着简单高贵，也成为当时女性效仿的对象。20世纪50年代英俊小生詹姆斯·迪恩虽然只主演过三部电影就因意外去世，但他性感的外形、狂野不羁又略带忧郁的叛逆形象，为风流倜傥的浪子形象做了完美的诠释。T恤、牛仔裤、皮夹克几乎是当时每个年轻男子奉为圭臬（guī niè：准则或法度）的打扮，牛仔裤更因此成为性感的象征。

2. 20世纪60年代——时尚观念的巨变

进入20世纪60年代，电影、音乐和社会的变革对年青一代开始产生影响，大众消费社会以不可逆转的姿态到来。由于“年轻风暴”的影响，服装业发生了巨大的变化，年轻人对生活提出了自己的要求和主张，对传统文化不满、向传统习俗和传统审美提出挑战；20世纪40年代从美国开始的成衣业到了20世纪60年代，随着时尚人群的变化开始快速发展；服装设计开始与街头的流行文化接轨。随着自主化的呼声越来越高，出现了一大批能顺应时代要求的年轻设计师。“他们为街头女性设计她们所希望的新服饰，而不再为特定的妇女设计服装……他们和披头士一样来自大众，但装扮特殊，通常他们的穿着打扮、生活方式以及创作风格都是反体制的。”其中具有代表性的设计师当属玛丽·匡特（Mary Quant），其设计的“迷你裙”具有前卫性与挑战性，“迷你”的意义不仅是一种新款式、新时尚，更是对一种旧观念的动摇与革新。高级时装在1968年的“五月革命”后逐渐退出时尚主流舞台，成为艺术的象征，取而代之的是高级成衣的蓬勃发展。

（1）代表人物：玛丽·匡特。玛丽·匡特是20世纪60年代的重要代表人物，尽管对是她还是安德烈·库雷热（André Courrèges）开创了“迷你裙”仍存在争议，但可以肯定的是，玛丽·匡特那少女式的短小活泼的服装风格树立了清新小巧的新女性形象，为年轻人喜爱，也最终征服了世界。它反对呆板、反对保守主义，其设计理念被时装史研究者认为意义非凡。

（2）代表人物：安德烈·库雷热。安德烈·库雷热在20世纪60年代以“迷你裙”设计风靡一时，在流行影响高级服装店的趋势下，他开始批量生产少男少女运动装，并销售到全世界。他设计大胆，曾以细长裤装配喇叭形束腰外衣或西式上衣的穿法，在富裕阶层中广泛流传。安德烈·库雷热短而精的简洁明快样式是当时服装趋向的代表。

（3）代表人物：伊夫·圣·洛朗（Yves Saint Laurent）。世界知名服装品牌YSL的创始人是伊夫·圣·洛朗，他与皮尔·卡丹（Pierre Cardin）一起推动了高级成衣的发展。他将“中性化”概念引入时装界，首创衬衫式夹克、双排扣呢上装，使配裤套装更加时髦。1962年，伊夫·圣·洛朗从克里斯汀·迪奥店独立出来，开设了自己的成衣店，及时推出了短夹克、男式小礼服、狩猎田园装、运动皮革装等男女装性格模糊的新中性服装，并成为20世纪后期的服装基本造型。他大胆启用不戴胸罩的模特展示薄透时装，他的撒哈拉短袖上衣（1968年推出）和衣裤套装（1969年推出）都成为现代人衣橱中的经典服装。

（4）代表人物：杰奎琳·肯尼迪（Jacqueline Kennedy）与莱丝莉·霍恩比（Lesley Hornby）。作为美国第一夫人的杰奎琳·肯尼迪，她的名字已然成为一种着装风格流传至今。她的代表形象是：外翻的短发，款式简练、面料精良的套装裙及一副大型的乌蝇墨镜，筒状礼帽或头巾。在动荡不安的20世纪60年代，破衣烂鞋的嬉皮风貌颠覆了传统的淑女形象，但杰奎琳·肯尼迪是个例外。她时刻都以最优雅的形象出现，那些无袖连衣裙、舒适的外套，一切的一切都成为当时绝无仅有的优雅象征。她的优雅、大方是全世界女性竞相效仿的对象。其著名的“霓裳外交”给所有人留下了深刻印象，也是美国贵族的象征。在她之前，美国第一夫人只穿着美国本土设计师的服装，但杰奎琳·肯尼迪出访法国时，既穿美国设计师设计的服装，也穿法国设计师设计的服装，这一举动深得法国人的欢心。

莱丝莉·霍恩比的绰号是“嫩枝”（Twiggy，崔姬），她身高1.67m，体重只有41kg，未发育完全的胸部、细脚伶仃，看似一个小树枝。然而她是20世纪60年代最有影响力的模特，她的出现如同一场革命，彻底改变了人们对美、对身材的定义。她穿着艳丽的超级迷你裙，露出细长的大腿，眼神、姿态有种少年人特有的纯真。她甚至纯洁到了没有胸部曲线、没有腰线、没有臀线，完全没有一点曲线的地步。这种孩子般的外貌与20世纪50年代玛丽莲·梦露（Marilyn Monroe）那样起伏曲线的时尚是完全对立的。之前，没有人感受到这种女性的美丽，“嫩枝”没有曲线的形象，带来与以往截然不同的审美观，成为一个反叛、自由、独立的代表，也是新一代职业女性的象征。她是使玛丽·匡特的迷你裙大为流行的模特之一，她的身材、服装、化妆风靡了那个时代的欧美，并影响至今。名模凯特·摩丝（Kate Moss）与“嫩枝”身材极为相似。

3. 20世纪70年代——牛仔服装风靡

20世纪70年代，复杂的社会形势使女性更关注现实。人们对以前或优雅奢华、或有激情梦想的时装形象的热恋和美丽俊俏的模特们一起消失了。在独立面对工作、社会多年后，女人们更喜爱被恭维为：有主见、独立而务实。而20世纪60年代末，一系列学生运动、民权运动及政治运动中，其参加者的服饰就是牛仔装。数千年来遗留在服饰之中的阶级、性别、国界、年代、意识形态、文化背景等，一切都被牛仔裤冲淡了。20世纪70年代，牛仔裤在时尚之都巴黎被隆重推出，其势不可挡；到了20世纪80年代则演变成国际范围的日常服装。人们对牛仔裤的普遍认同，是自法国大革命以来追求无差别服装的一个成果。至此，服装真正进入大众化时代。

（1）代表人物：维维安·韦斯特伍德（Vivienne Westwood）。维维安·韦斯特伍德的服装，包括她自己，可以说是另类、新奇、标新立异的代表，因此她被称为“朋克之母”。她的设计摆脱了传统形式，把各种材料混搭，显得凌乱无序。这种怪诞、荒谬的手法，受到了西方“颓废一代”青年们的推崇。她极力地强调女性的胸和臀，设计低胸领、垫高臀，甚至把文胸穿在外面。她认为女性穿着撕破的衣服看起来更加性感，她的服饰品如坡跟鞋、印有挑衅口号的T恤以及用刀片、自行车链条作为配饰的服装，常引得无数摇滚明星慕名前来，甚至直接参照她本人“外星来客”式的造型风格装扮自己。她的服装就像她的店名一样变幻多样，如1971年的“让它摇摆吧”，1972年的“走吧，快得没法活”，之后“年轻死了”，1975年的“性”，之后的“工艺需要布料，但真理喜爱赤裸”，1977年的“叛逆者”，1980年著名的“世界末日”。1982年，她的第二家商店“泥淖的怀旧”开张，店里经销朋克青年喜欢的各种保持竖发用的油脂和五颜六色、千奇百怪的化妆品。维维安·韦斯特伍德推出的怪异服装鼓舞着街头的朋克人群，尤其是英王道和哈默史密斯宫的“朋克部落民”。

（2）代表人物：卡尔文·克莱尔（Calvin Klein）。1962年毕业于纽约时装学院的卡尔文·克莱尔在 1968 年与好友巴里·施瓦兹（Barry Schuartz）共同创立公司，很快被世界认可。他先后在大衣、套装、牛仔服、内衣和香水等领域获得成功。他不喜欢多余的装饰，作品中更多体现秩序、成熟、轻松的美感。

（3）代表人物：让－保罗·戈尔捷（Jean-Paul Gaultier）。让－保罗·戈尔捷是一个相当与众不同的设计师。他反对学院派作风，喜欢旅行，喜欢搜集奇怪的玩意儿，喜欢生活中新奇的事物，然后将他看到的东西转化成服装元素，是一位以大胆、性感为风格的设计师。生于 1952 年的让－保罗·戈尔捷在 24 岁时首次推出个人服装秀——“桌子系列”，用麦秸编织成裙子；在 1979 年举行的名为“杰姆斯·邦特”的服装演示会上，他推出了人造革的裙子。法国人为他的天分感到震惊，称他为“可怕的孩子”。在20世纪80年代举办的男装发布会上，他让男性穿上裙子，从而模糊了男女服装的界限，打破男女服装的不平衡状态，对 20 世纪 80 年代初期的服装流行产生一定影响。

20 世纪中期与流行相关的社会事件，见表 1-5。

表1-5 20世纪中期与流行相关的社会事件

年份	事件
1939 ~ 1945 年	第二次世界大战
1947 年	克里斯汀·迪奥“新风貌”
1953 年	克里斯汀·迪奥郁金香型（tulip line look）
1954 年	不收腰的直筒造型（H line look）；不强调腰部且上身合体，下身略呈喇叭形（A line look）；上身宽松，下身合体型（Y line look）大流行
1957 年	香奈儿套装（Chanel Suite）流行
1960 年	牛仔装成为时装潮流
1961 年	苏联载人宇宙飞船飞行成功
1963 年	成衣时装开始流行
1965 年	越南战争开始
1967 年	反战情绪成就的嬉皮文化诞生
1968 年	巴黎“五月革命”
1968 年	登月成功
1970 年	女性解放运动达到高潮
1971 年	T 恤、牛仔空前流行
1975 年	伊夫·圣·洛朗推出吸烟套装（Smoking Suite）
1975 年	米兰开始举办一年两次的成衣时装展
1977 年	流行慢跑（jogging）运动
1978 年	时装界的朋克风格（punk look）出现

（三）20世纪后期——现代服装流行的多元化

进入20世纪80～90年代，全球经济高速发展，时装贸易成为许多国家和地区的经济增长点。无论是奢华昂贵的高级时装，还是针对大众消费者的成衣，都出现极大的需求。女性更加广泛地加入社会的各种角色中，服装在款式、材料、品牌等方面越发多元化，成衣业得到空前发展。

1. 20世纪80年代——西扩与东行

20世纪80年代，随着高田贤三（Takada Kenzo）、三宅一生（Issey Miyake）、川久保龄（Rei Kawakubo）、山本耀司（Yohji Yamanwto）等日本设计师被国际时尚界关注并引起轰动，服装界又出现了新的视点。在意识形态的变化及东西方不同思维的碰撞下，服装风格变得越发多元化，同时受环保概念的影响，服装越来越宽松；朋克文化成为一种服装风格并渗透到高级时装中；女性形象更为积极，并显得自信而独立。20世纪80年代早期，流行服装打破了男女衣着、发型、化妆的界限，如乔治男孩不男不女的辫子、服饰和化妆风靡一时。服装品牌通过杂志、影视、广告等媒介越发被大众广泛地关注和追捧，不断刺激着人们的消费欲望。对流行的渴望和消费使部分人变得疯狂，对知名品牌的各种诱惑使得非法仿制者越来越多，到20世纪80年代中期已经完全失控。20世纪80年代中期到后期，带肩垫的服装流行范围很广，但进入20世纪90年代后期很快就销声匿迹，包括20世纪80年代后期流行的让人出汗的淡色西装也是同样的命运。

（1）代表人物：三宅一生。三宅一生的服装与西方很多设计师不同，他的设计没有局限于服装的款式结构，使穿着者身体不被束缚，又体现出特别的形体美，被称为是“东方遭遇西方”的结果。他创立的充满东方特质的、易于活动的服装，受到很多消费者的推崇。从另一个角度看待人体与面料、空间的关系，追求饱满的色彩和完美的面料感觉，设计款式、面料重量和人体的最佳搭配的服装是他的绝活儿。利用褶皱面料已经成为他的设计标志。他还创造性地运用油布、聚酯纤维的针织面料，结合独特的裁剪方式。三宅一生的服装有日本武士的影子，有东方哲学思想，有明显的日本文化内涵，同时又不失实用价值，他已经超越了时间和空间的界限，成为当代服装大师。

（2）代表人物：吉安尼·范思哲（Gianni Versace）。吉安尼·范思哲的服装时而富丽华贵，时而简约大方，时而时髦性感，但作品中始终留有传统意大利的影子。他乐于挖掘文艺复兴时期的古典主义风格，并赋予它们新的视觉意义。他运用多种面料，从皮革、丝绸、羊毛、金属到透明塑料，常用鲜明的图案搭配有光泽的丝绸。从1981～1991年的发布会和服装周上，吉安尼·范思哲连续获得服装奖项八次。

（3）代表人物：乔治·阿玛尼（Giorgio Armani）。从20世纪70年代开设品牌以来，乔治·阿玛尼一直受到各方面的好评，获得各国的奖项和广大消费者的追捧。他的设计已经延伸到婴儿用品、内衣、装饰品、香水、电话、家具等领域。作为一个非常成功的品牌，乔治·阿玛尼的格调一直没有太大的变化，即拒绝服装有不舒服感、刺眼、不便活动或颜色过艳，抓住了人们生活中更易接受简洁、新异而含蓄、高雅美的最终心理。20世纪80年代后期，他将女装的肩部柔和化和轻松化，在职业女装中蕴透出女性自身的特点。另外，他还多次参与电影服装的设计，大力发挥了他的优势和能力。他是获得“当今时装界的天才”“意大利最著名、最富有的设计师”“无与伦比的精美服装的制作者”等诸多美誉的设计大师。

2. 20 世纪 90 年代——丰富多彩

到了 20 世纪 90 年代，解构主义、后现代风格大行其道，服装的设计思维不仅体现在款式结构上，而且体现在制作工艺上。设计师们向传统发起挑战，一切似乎都是反其道而行之。20 世纪 90 年代后期，一度被认为难登大雅之堂的观念被逐步改变，人们强调追求独创的个性服装。街头服装盛行以供给狂放不羁的艺术家们。同时，人们也开始关心生态与健康，更青睐面料的环保性与舒适性。另外，服装业的带动使模特业也得到空前发展，一些世界超级模特甚至比好莱坞的明星们在时尚圈里还耀眼。伴随着经济的快速发展，到 20 世纪 90 年代末，各大顶级品牌开始形成新世纪的格局，随着 LVHM 集团进军时装界，高级时装业开始新的发展与繁荣。

（1）代表人物：汤姆・福特（Tom Ford）。汤姆・福特懂得市场的实际需要，他强调设计的最终目的是为女性塑造出漂亮动人的形象。他并不鼓励女性一味地追求流行元素，相反，福特最欣赏的是拥有自己独特品位的女性。1994 年，他出任 Gucci 的主设计师，挽救了 Gucci 品牌缺乏新意、濒临破产的局面，在服装界创造了一个神话。1999 年底，花十亿美元买下了伊夫・圣・洛朗的商标经营权，作为设计师的汤姆・福特用几年的时间证明了他非凡的实力。

（2）代表人物：约翰・加里亚诺（John Galliano）。1960 年生于英国的约翰・加里亚诺，在毕业发布会上的作品便令人赞不绝口，之后引起广泛关注。同时，其男装的新颖设计也很快流行于市面。他善于发掘不同时代、不同地域的固有素材，并按自己的方式进行表达，也善于把周围的各种事物、各种主题进行组合。他的作品新鲜有趣、风格多变且题材丰富。从历史人物、绘画艺术到戏曲艺术，几乎囊括世间万物。在服装材料的运用上也更富新意，像破丝网、小酒瓶、粗麻绳、信纸、火腿肠等都扮演着调味的重要角色，但同时也不缺乏精美与精细的细节。

（3）代表人物：亚历山大・麦克奎恩（Alexander Mcqueen）。对于服装，亚历山大・麦克奎恩把视点放在未来，以建立新的传统为目标，通过服装展示坚强、智慧、勇敢的女性形象。他以后朋克风格的设计和不可思议的创意，赢得了全世界的关注，甚至以完全反叛礼教的设计，让服装界的卫道士张嘴突眼、惊吓不已，因此素有伦敦“坏男孩”之称。1992 年，亚历山大・麦克奎恩成立了自己的服装品牌，并在 1996 年得到“英国年度最佳设计师”的荣誉，1997 年继约翰・加里亚诺之后成为 Givenchy 品牌的首席设计师。

与 20 世纪后期流行相关的社会事件，见表 1–6。

表1–6 与20世纪后期流行相关的社会事件

年份	事件
1980 年	约翰・列侬（John Lennon）于街头遇刺身亡
1981 年	川久保龄、山本耀司进入时装界；有氧运动流行，护膝成为热门装扮；英国皇室查尔斯王子和戴安娜王妃成婚；美国电视连续剧《豪门恩怨》（*Dynasty*）使系列服装和行李箱包大为流行
1982 年	MTV 流行，迈克尔・杰克逊（Michael Jackson）的名曲《颤栗》（*Thriller*）突破唱片销售纪录
1983 年	乔治男孩的形象大受关注；卡尔・拉格菲尔德（Karl Lagerfeld）出任 Chanel 品牌的主设计师
1984 年	让－保罗・戈尔捷在时装专业杂志上发表作品

续表

年份	事件
1987年	《末代皇帝溥仪》(*The Last Emperor*)获奥斯卡最佳影片奖
1993年	混乱装扮(grunge look)流行
1994年	汤姆·福特出任Gucci品牌的主设计师；超级名模风格(top model style)受到注目；北美自由贸易区正式形成
1996年	Nike公司推出“Air Max”气垫运动鞋；英国新秀亚历山大·麦克奎恩被任命为Givenchy品牌的设计总监；约翰·加里亚诺执掌Christian Dior品牌的设计工作
1997年	吉安尼·范思哲和戴安娜相继去世；香港回归中国；东南亚爆发金融危机

(四)21世纪——没有权威与风格的流行时尚

新世纪，人们进入一个瞬息万变的快节奏时代，其特征可以概括为：网络文化、快餐文化和消费文化。现代社会是一个物质过剩、信息传媒发达以及快节奏的社会。以快餐文化为代表的快节奏、高效率生活方式使人们不再有时间、有耐心去看鸿篇巨著、去听古典交响乐，而是更喜欢杂志、漫画、网络、麦当劳、卡拉OK等能快速吸收与快速忘记的东西。同时，由于物质的极大丰富使人们置身于一个消费社会，所有的人都被消费所包围。所有的设计都是为了刺激消费而设计的，整个社会都在围绕着消费而运转。消费社会使流行变得不可能长久，消费者的审美趣味的多样化很大程度上影响着甚至决定着设计，这使消费文化具有广泛的包容性与多元性。而社会的另一个突出特征是信息传播业的发达。信息技术的突飞猛进使世界变得如此之小，各种文化之间的距离和界限在逐渐淡化；传播媒介使流行时尚一日千里，今日巴黎刚流行的款式，明日就可能在东京的街头出现，因此款式的更新速度是以往任何时代所不能想象的。因此，21世纪是服装风格极端多元化的年代，也可以说是风格丢失的年代。在强烈追求个性的时代，美是多种多样的，即美没有一致的标准：华丽中有繁杂的美，简约中有单纯的美，颓废中有放任的美，古典中有怀旧的美等。无论是巴黎、东京还是伦敦的设计师，都在努力强调自己的创意设计是独一无二的。同时，时尚的追随者也把“绝不雷同”的愿望表达得淋漓尽致。各种时装经过糅合、搭配、装饰、复制和颠倒被赋予了新的含义——没有清晰可辨的风格，但却有着丰富多变的折中与解构。

21世纪的时尚事件，见表1-7。

表1-7 21世纪的时尚事件

年份	事件
2000年	莎拉·杰西卡·帕克(Sarah Jessica Parker)因《欲望都市》(*Sex and the City*)成为新偶像 斯特拉·麦卡特尼(Stella McCartney)获得了*VOGUE*年度设计师大奖 明星设计师如约翰·加里亚诺、汤姆·福特使经典老牌重获新生从而成为时尚偶像 标识(Logo)之风大行其道

续表

年份	事件
2001 年	低腰是最前卫的性感象征，从 2000 年持续到 2007 年；布兰妮·斯皮尔斯（Britney Spears）与安吉丽娜·朱莉（Angelina Jolie）的露脐紧身 T 恤和热裤成为女孩儿们争相模仿的对象 艾迪·斯理曼（Hedi Slimane）与迪奥·桀傲（Dior Homme），制订 21 世纪男装的廓型标准——纤细当道 伊夫·圣·洛朗发布了最后一次高级定制，宣布退休 低腰时尚在 2000 ~ 2007 年是最前卫性感的象征，布兰妮是它的忠实拥护者
2002 年	凯特·摩丝戒毒成功，重新复出 亚历山大·麦克奎恩被英国女王伊丽莎白二世授予大英帝国司令勋章（Commander of the British Empire） 流行单品——军装风格 Mod' s Coat 法国老牌 Balenciaga 推出的“机车包”风靡全球
2003 年	汤姆·福特身兼 YSL 和 Gucci 两个品牌的创意总监，以 YSL 的配饰设计摘取美国时装设计师协会奖的桂冠 健身运动带来棒球帽与体操服的流行 跨界——日本艺术家村上隆和 Louis Vuitton 品牌合作推出“樱花包”
2004 年	20 世纪 50 年代的 Coco Chanel 经典花呢套装回潮，成为女性必备单品 波希米亚风格（BOHO①）大热——层叠的荷叶边裙、懒散的靴子 1984 年诞生 Hermès 的铂金包（Birkin）成为人人渴望的 IT Bag②
2005 年	中文版 *VOGUE* 登陆中国 汤姆·福特为 YSL 品牌最后设计高级定制系列掀起了一股中国风 设计师菲比（Phoebe）回归 Chloe 2006 春 / 夏系列，一改 Chloe 的硬朗风格，塑造了 21 世纪 60 年代的甜美形象 流行单品——舒适且怪异的 Crocs 的丑鞋子让明星潮人都爱不释手
2006 年	模特界流行洛丽塔（Lonita）面孔，热门模特如莉莉·科尔（Lily Cole）、嘉玛·沃德（Gemma Ward）、萨莎·彼伏波洛娃（Sasha Pivovarova） 热门风格——20 世纪 60 年代的复古风潮席卷全球 随着 20 世纪 60 年代风格的大流行，打底裤成了热门单品
2007 年	以克里斯特巴尔·巴伦夏加为代表的未来主义先驱在 T 台上掀起一股银色的科幻旋风，女装开始硬朗起来 时尚单品——铅笔裤、芭蕾舞鞋、荷兰屋（House of Holland）标语 T 恤
2008 年	“geek chic look”笨拙感学院派着装成为受追捧的潮流③ Balenciaga 品牌强势而极具戏剧性风格继续受到追捧 时尚风向由柔美型向力量型转变，充满女人味的芭蕾鞋被强势的角斗士鞋所替代
2009 年	蕾蒂·嘎嘎（Lady Gaga）使时尚变得很重口味 20 世纪 80 年代的风格回潮 时尚单品——耸肩外套和扎染破洞仔裤

① BOHO 是融合了波希米亚风（bohemian）与嬉皮风（hippy）的英文缩写。

② IT Bag：所谓 IT，实际上是 inevitable——“不可避免”的意思。IT Bag 是跟着作为时尚风向标的大明星们出镜率最高、也被翻版最多的“必不可少”的包包，是最受关注、最热门、预订名单最长的包包的代名词。

③ geek chic look：时尚宅男 / 女。

第三节　服装流行的影响因素、特征与传播方式

一、服装流行的影响因素

服装流行是一种复杂的社会现象，体现了整个时代的精神风貌，包含社会、政治、经济、文化、地域等多方面的因素，它是与社会的变革、经济的兴衰、人们的文化水平、消费心理状况以及自然环境和气候的影响紧密相连的。这是由服装自身的自然科学性和社会科学性所决定的。社会的经济、文化、政治、科学技术水平、当代艺术思潮以及人们的生活方式等都会在不同程度上对服装流行的形成、规模、时间的长短产生影响。而个人的需求、兴趣、价值观、年龄、社会地位等则会影响个人对流行的采用。在现代流行中，服饰流行更是敏感地追随着社会事件的发展。社会学家曾指出：硝烟味一浓，卡其色就会流行；女性味强的流行，是文化颓废期的共同现象。

对于服装流行的影响因素，可以概括为三个方面：自然因素、社会因素和心理因素。

（一）自然因素

地域的不同和自然环境的优劣，使服装形成和保持了各自的特色。从世界各地的服装发展过程来看，都是顺应着本地域的自然环境和条件而发展的。自然因素对于服装流行起着一定的影响，这种影响常常是一种外在和宏观的，主要包括地域因素与气候因素。

1. 地域因素

不同地域的人们，其所处的自然环境、风俗习惯、思想观念等都会影响自身对服装的态度。对于服装流行信息的获得与影响程度，都因地理位置和人文环境的不同而各有差异（图 1–5）。

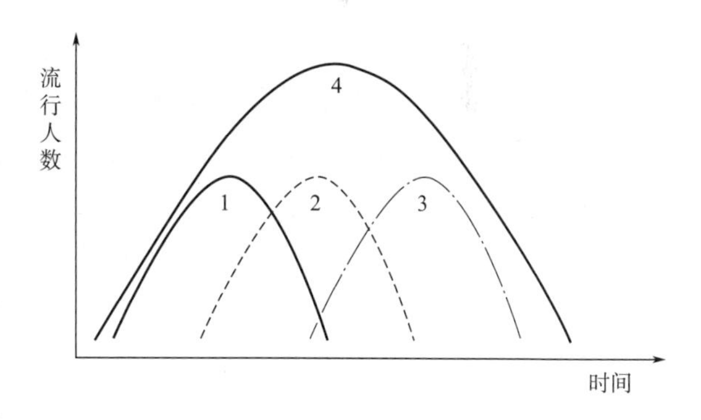

图1–5　地域因素对服装流行的影响

1—发源地的流行　2—城市的流行

3—乡镇的流行　4—总的流行

地处平原和大城市的人们更容易接受新的观念并对流行产生推动作用，他们能够及时获悉和把握服装的流行信息，并积极地参与到服装潮流之中；而一些小城镇的人们则会较少或较慢地接受服装的流行信息，对新的流行缺乏亲和力；那些身处边远山区、岛屿的人们，还会固守自己的风俗习惯和服饰行为。也正因为如此，在世界范围内形成了一些极具地域特色的穿着方式，这些穿着方式也可以成为流行元素并扩散与传播，对国际服装流行的发展起到积极的作用。

同时，随着世界经济的不断发展，科学技术、文化艺术的不断进步，平原和山区、城市和乡村的差距越来越小，这就意味着对服装流行和服装文化的共鸣程度的差别也越来越小。

2. 气候因素

正如服装起源的气候学说一样，保温、御寒是服装最基本的功能之一。因此，服装的流行也自然受到气候的变化和四季更替的影响。

寒带和热带、海洋性气候和沙漠性气候的人们，都有各自的服装穿着模式。对于服装的流行，人们都需要根据各地的气候条件进行适度的调整和选择，使之适应气候特征。从这个意义上说，一般情况下，气候条件越恶劣的地区，人们对服装流行的亲和力就越小，而气候条件越优越的地区，人们对于服装流行的亲和力也就越大。

（二）社会因素

服装流行的历史也是人类社会发展的历史。服装流行与社会发展的诸多因素之间，既直接或间接的相互制约，又相互关联、相互影响。

法国作家阿纳托尔·法朗士（Anatole France）曾说过："假如我到了一个陌生的时代，我会首选一本妇女的时装杂志来看，因为一本时装杂志对时代变迁的把握，要比任何一个哲学家、小说家或学者来得更真切。"这段话精练地说明了服装所具有的时代性特征。纵观人类服装的发展史，每一次服装的流行变迁都映射出当时的时代特征与社会变化的轨迹。各个历史时期的政治运动、经济发展、科技进步及文化思潮的变化都可以在服装的流行中以不同的面貌特征反映。也就是说，每个时期的政治状况、经济状况、文化艺术、价值观念、生活方式等方方面面的因素影响着人们的思想意识和审美情趣，从而在人们的着装上体现出来。

1. 政治因素

虽然一个时代的政治因素是造成服装流行的外部因素，但它直接影响到人们的生活观念、行为规范，促使人们的着装心理和着装方式与之协调，所以往往能够影响这个时代的着装特征。

在等级制度森严的封建社会，服装是权威、身份和地位的象征，流行往往发生在上层社会，并包含着政治制度，如我国历朝历代都有烦琐的着装制度，欧洲洛可可时期女子流行长长的裙裾，并以裙裾的长短表示其地位的高低。历史上许多典型的政治事件都对服装的流行起到推动作用。例如，18 世纪 80 年代末至 90 年代初的法国大革命时期，"长裤汉"成为革命者的象征，之后引起男子长裤的流行并逐渐成为男士的固定着装；我国的辛亥革命同样引发了对几千年封建服饰制度的革命：男子盛行便于活动的短装，如中山装、西装，女子流行轻便适体的改良旗袍。又如"文化大革命"时期，象征"革命"的旧军装十分流行。虽然这些流行的具体内容较为特别，但充分显示出政治对人们审美标准的重要影响。

战争是政治的特殊表现形式，每一次大的战争都会给服装的传播和交流带来一定程度的影响与变化。例如，第一次世界大战中妇女加入战争，由此带来了观念上的变化，妇女的裙子由踝部以上缩短到小腿肚处，战争结束后裙子并没有恢复到以前的样式，女性的裙子进一步缩短到膝盖，并盛行男孩样式的服装风格；第二次世界大战中肩章、铜扣、明线迹的军服样式成为当时的流行款式。

2. 经济因素

社会的经济状况是影响服装流行的重要因素。成衣业的发展显示了一个国家或一个地区的经济发展水平，为服装流行提供了物质基础。一种新的服装样式广泛流行，首先是社会能够提供大量生产此类服装样式的能力，其次是人们具备相应的经济能力和闲暇时间。我国服饰经历了从20世纪70年代末的蓝、黑、灰色调的单调服装到现在与国际流行接轨的服装，充分显示了经济发展对服装流行的推动作用。

对个体消费而言，经济因素同样也左右着人们对流行的选择。德国经济学家、统计学家克里斯蒂安·洛依茨·恩斯特·恩格尔（Christian Lorenz Ernest Engel，1821—1886）发现，家庭收入与食品支出之比显示出人们生活的富裕程度。随着家庭收入的增多，用于食品的开支下降，随之用于服装、住宅、交通、娱乐、旅游、保健、教育等项目的开支上升。物质条件在一般情况下决定其生活状况，也在一定程度上决定其对于服装流行的理解。俗语说："饥不择食，寒不择衣"，当物质条件缺乏时，人们对于服装的要求只是能够蔽体、遮羞，符合社会规范与生活习惯；当物质条件充足时，人们对于服装的要求才是能够提供快乐、心理满足与符合社会潮流。

一方面，经济的发展刺激了人们的消费欲望和购买能力，使服装的市场需求扩大，从而促使服装设计推陈出新，时尚设计层出不穷；另一方面，服装市场的需求也促进了生产水平与科技水平的发展，服装新材料的研发以及制作工艺的发展，很大程度上增强了服装设计的表现活力，从而推动了服装流行的发展。

3. **科技因素**

科学技术的发展对人类的衣着具有深远的影响。一方面，它促使服装的发展，成为新的流行设计元素；另一方面，它促使流行信息的交流，将流行信息传播到每个角落。

从人类历史演变看，纺纱织布的技术发明给人类的衣着带来巨大的变化和飞跃。近代的资本主义工业革命带来了科学技术的迅速发展，促使服装从手工缝制走向机器化生产，产生批量化生产形式，大大缩短了服装流行的周期。从20世纪30年代合成纤维的使用，到40年代尼龙丝袜的风靡；从20世纪60年代太空风貌的出现，到90年代高科技色调的流行，再到2007年春/夏季Versace富有金属质感的高科技面料，新科技、新发明极大地丰富了人们的衣着服饰，不断地演绎成为流行元素。

现代高科技使信息技术突飞猛进，促使世界成为地球村；传播媒介使流行信息一日千里，渗入到人们的日常生活中。在未来的设计中，科学技术对流行的影响力只会更深更远。

4. **文化因素**

任何一种流行现象都是在一定的社会文化背景下产生和发展的，因此，它必然受到该社会的道德规范即文化观念的影响与制约。

从大方面来看，东方文化强调统一、和谐、对称，偏重于抒情和内在情感的表达，重视主观意念，常常带有一种潜在的神秘主义色彩。因此，精神上倾向于端庄、平稳、持重与宁静，形式上多采用左右对称、相互关联。例如，中国、日本、印度等亚洲国家的传统服装都是平面、二维、宽松而不重视人体曲线，被西方人称为"自由穿着的构成"，但都讲究工艺技巧的精良与细腻；而西方文化强调不协调、非对称，表现出极强的外向性，充满扩张感，重视客体的本性美感，外形上有明显的造型意识，重视设计的个性特征，着力于体现人体曲线，强调三维效果。

国际化服装是当今的主流服装，各种文化之间的距离和界限在逐渐缩小、淡化，各国服装流行趋于一致，但同样的流行元素在不同的国家仍然保持着特有文化的痕迹，其表达方式也带有许多细节上的差异。例如西服套装，日式带有明显的清新、雅致的感觉，而欧式则更加强调立体感与成熟感。

地域文化同样对服装的流行有着相当的影响。它通过对人们的生活方式与流行观念的影响，使国际性的流行呈现出多元化的状态，丰富流行的表达模式，也为流行不断注入新的活力。

5. **艺术思潮**

每个时代都有反映该时代精神特征的艺术风格和艺术思潮，它们都在不同程度上影响着该时代的服装风格和人们的穿着方式。历史上有哥特式、巴洛克、洛可可等艺术风格，其精神内涵都反映在人们的衣着服饰中。尤其到了近代，服装设计师有意识地将艺术流派及其风格运用到服装中，拓展了服装的表达方式。

1919 年，以现代主义运动而闻名的德国包豪斯学校成立，提倡机能主义是包豪斯的设计思想，从此，设计进入了一个功能主义的时代。受其影响，20 世纪 20 年代的服装造型也朝着追求功能的方向发展，出现了宽腰直筒的女装造型。

20 世纪 60 年代出现了以波普运动为代表的反主流的设计思潮以及以先锋艺术为代表的前卫思想。“pop”一词源自英文“popular”，即大众、流行的意思。其核心设计思想是设计应符合消费者的爱好和趣味，设计者应对大众的需求直接做出反应，生产一些与大众价值观相符合的消费性产品。波普的设计理念为服装的成衣化道路指明了方向，使服装设计沿着大众化与个性化的方向发展。

随着后现代主义的发展，20 世纪末衍生出的 DIY（do it yourself）主义开始流行。DIY 主义在服饰中的反映便是提倡自己进行服饰搭配，由此引发“混搭”的设计风格，并持续到现在。

6. **生活方式**

生活方式是指人们在物质消费、精神文化、家庭及日常生活的领域中的活动方式。人们的日常生活以物质为基础，但在同样的物质条件下人们可以选择不同的生活方式。

生活方式可以直接影响人们对服装流行的态度。生活随意的人通常喜欢休闲、随意、宽松的样式，而生活严谨的人通常选择合体的正装。运动爱好者强调服装的功能性，旅游爱好者喜欢舒适简便的服装，而经常开会赴宴、出入豪华场合的人则需要多套礼服与高级时装。

生活方式的改变往往会引起服装流行的变化。20 世纪初，人们的生活方式发生了极大的改变。女性走出家庭，并进入社会工作，因此产生了大批经济独立的职业女性，职业女装也应运而生。而体育运动热潮的兴起也是人们大胆追求新生活方式的标志，日光浴、海水浴、网球、自行车运动等各种体育运动的盛行使人们开始注意服装的功能性。20 世纪 60 年代，随着世界经济的发展与年轻消费群体的产生，人们的生活方式同样产生了巨大变化。人们的着装观念也从 20 世纪 60 年代彻底改变，年轻人对生活提出了自己的要求和主张，并对传统文化不满、向传统习俗和传统审美观发起挑战。自由、反传统、性解放、电视、MTV 等，是庞大的年轻消费群体不同的生活需求，由此服装业发生了巨大的变化。自此，服装设计开始与街头文化接轨，大众化成衣从此成为流行的主流方向。

生活方式影响着服装流行，进入 21 世纪，服装品牌正以推广消费者的生活方式来设计品牌的文化核心。例如，品牌内衣 Undershop 倡导健康生活从重视、珍惜、喜爱自己的身体开始，其品牌经理在第八届中国国际内衣展上说："我们不仅出售服装，而且还推广一种新的生活方式。"

7. 社会事件

在现代媒体的传播和引导中，社会上的一些事件常常可以成为流行的诱发因素，并成为服装设计师的灵感来源。重大事件或突发事件，一般都有较强的吸引力，能够引起人们的关注。设计师如果能够敏锐而准确地把握和利用这些事件，其设计作品就容易引起大众的共鸣，从而产生流行的效应。例如，1981 年戴安娜王妃结婚时穿着的白色塔夫绸拖地长裙，成为 20 世纪 80 年代无数新娘所追逐的时尚；1987 年，苏联领导人戈尔巴乔夫出访西方大国，使当年冬天的服装出现了俄罗斯风格；1998 年我国军民一心抗击洪水，迷彩色、军绿色成为当年的流行色。

8. 影视

影视剧的社会影响是多层次、全方位的，是具有深远意义的。它不仅带动了一些后续现象，如演员服饰的流行、主题歌曲的传唱等，而且深深地影响着现代人的生活理念和行为方式，尤其是对大众着装的影响。服饰加强了影视的艺术效果，影视在行使其传播文化作用的同时又造就了服饰的流行，并推动服饰的流行与发展。

可以说影视剧是人们生活的一面镜子，人们欣赏镜中人，进而对镜中人的造型从偏爱到模仿。影视剧中的时尚会随时打动人们的心，剧中人物的服饰装扮、个性生活也都成为人们追逐时尚的风向标。例如 1961 年，在电影《蒂凡尼的早餐》(*Breakfast at Tiffany's*) 中，著名影星奥黛丽·赫本身着出自纪梵希之手的精致"小黑裙"，其俏丽风姿令人倾倒，影片上映后欧洲街头到处可见穿着小黑裙的女子；又如，我国 20 世纪 80 年代港台文艺片《欢颜》《燃烧吧，火鸟》上映后，很多女孩都迷恋上白色网球裙、套头蝙蝠衫；再如，20 世纪 90 年代的《花样年华》中，张曼玉身着旗袍玲珑有致的身姿顿时掀起一阵旗袍热；韩剧中男女主角或活泼清新可爱、或高贵温润典雅的着装打扮，不仅引起"韩流"服饰风格在中国的流行，更引起"哈韩"一族对韩式风格的狂热追求。

很多时候，大众媒体往往采取主动的地位引导或制造潮流。例如 20 世纪 20 年代，好莱坞电影就制造出"它女郎"(it girl) 时代，塑造出具有男孩特征的女性形象，克拉拉·鲍 (Clara Bow) 在 1927 年的电影《它》(*It*) 当中短发、红唇，创造了一个"它女郎"的典型形象，即以轻巧的摩登女郎形象 (flapper look) 成为 20 世纪 20 年代大众的模仿对象 (图 1-6)。

(三) 心理因素

人是服装美的主体因素，服装的美是人在着装之后所产生的一种状态。在人与服装流行的关系中，流行的影响和表现是与人们的日常生活息息相关的。一个人可以不喜欢音乐，可以不关心体育和文学，却不可避免地要面对穿衣的问题。今天，人们的穿衣早已超越了保暖的功能，更多地体现在审美方面，因此，流行在服装服饰领域的影响是不容忽视的。每个人都在有意识或无意识地受到流行的影响并产生一些微妙的心理反应，同时，正是由于这些心理反应使服装流行不断地向前发展。主导人们流行心理的因素很多，其中主要体现在以下五个方面。

1. 爱美心理

爱美之心，人皆有之。人类试图满足修饰的本能具有一定程度的自然属性，像鸟儿懂得梳理

（a）克拉拉·鲍

（c）张曼玉

（b）奥黛丽·赫本

图1-6　电影中的人物形象对流行产生的影响

自己的羽毛一样。而炫耀、自卑补偿、求同从众等心理则带有更多的社会化成分。有时人们可以不顾一切地去寻求美，如部落中以伤残人体而形成的服饰效果或现代社会中为美而进行的瘦身、整形等现象。

整体着装形象美，分为外在形式的美和通过外在形式显示出的内在意蕴的美两种。人们在议论某一着装形象时常说："这身衣服真美"，这种美只限于衣服本身；"他穿那件衣服真有风度"，这种美则综合体现出个性和风度的着装效果，是对着装形象综合美的一种肯定。

2. 喜新厌旧心理

喜新厌旧是人们正常的心理共性，其产生的原因，可以解释为同一享乐不断重复后，其带来的满足感会不断递减，于是兴趣减少。喜新厌旧也是世界文明不断前进的动力之一，即新事物必然要代替旧事物，事物的发展过程就是新事物战胜旧事物的过程，这才是真正的发展。喜新厌旧也是消费者选购服装的特征，它表现在服装的款式、风格、色彩、材料等多个方面。人们逃避呆板、平淡的生活，在新的事物（时装）上寻求一下改变和刺激。喜新厌旧心理包括集体求新、个人一贯求新、个人偶尔求新等，这些也是产生服装流行的心理因素。

3. 突出自我心理

突出自我的心理在服装上可以从财富、地位、超前意识、品牌品位等方面得以表现，是通过外表的显示达到心理上的一种满足感，或具有超越感，或引人注目，或张扬个性。无论哪种，都是通过自我的着装形象，在人群中制造个人的超越感与鲜明的印象。

4. 趋同从众心理

趋同从众心理是指客观上存在着众多着装形象而造成的一种规模宏大的社会现象。它是服饰在众多人体上显示出的一种总趋势，主要概括为两种，即盲目从众和有意从众。没有个人主见，不懂艺术鉴赏，认为着装随大流是天经地义的行为，这就是一些盲目从众的着装者的心理。越是在文化发展迟缓的地区，着装者随大流的心理越普遍。有时随波逐流的着装者，则是迫于某种社会或团体需要和压力所致。服装流行到了 fashion 的层面，可以说是人们从众行为的结果。因而，从众心理是促使服装流行的基本原因，在这种心理的驱使下，能够使人们迅速地加入服装流行的大潮中以获得时代的安全感。

5. 模仿心理

模仿是个人受到非控制的社会刺激而引起的一种行为，以自觉或不自觉地模拟他人行为为特征。模仿是一种群众性的社会心理现象，使某一群体的人们表现出相同的行为举止。例如，一些特定人群常常有类似的衣着装扮，青少年常常以偶像明星为模仿对象。

在服装的流行与服饰的审美过程中，模仿是一种行之有效的手段。因为人们对自身的审美常常处于模糊状态，而对于旁人常常会有比较清楚的评判，所以常常会对着装入时者进行模仿。人们对于服装的模仿，往往表现为有选择和有创意的模仿。前者是在看到自己满意的服装时，十分理智地进行效仿，选择与自身条件相适合的款式、色彩及面料；后者则表现为对服装的流行信息进行筛选，并根据自己的审美情趣和内在气质进行再创造，但总体上不脱离流行方向。模仿在一定时间内流动、扩大，形成一定规模的广泛流行。

爱美、喜新厌旧和突出自我的心理可以归纳为求新求异的心理，而趋同从众与模仿的心理可以归纳为惯性心理。人类求新求异、渴望不同的心理是导致流行产生的基础和重要动力，这种力量推动了新事物的产生和发展；当新事物发展到一定程度并形成一定的势力和规模后，惯性心理开始发挥作用，它推动了更多的人来跟随这种新事物，从而形成大众层面的流行行为。

二、流行的特征与传播理论

（一）流行的特征

关于服装流行的特征，一般情况下总结为以下几点。

1. 新颖性

新颖性是流行最为显著的特点。流行的产生基于消费者寻求变化的心理和求新的心理。人们希望突破传统，期待肯定新生。这一点主要表现为服装的款式、面料、色彩三个要素的变化上。因此，服装品牌要把握住消费者的“善变”心理，以迎合消费者“喜新厌旧”的需要。

2. 短时性

时装一定不会长期流行，长期流行的一定不是时装。一种服装款式如果被大众接受，便否定了服装原有的“新颖性”，这样，人们便会开始新的“猎奇”。如果流行的款式被大多数人抛弃的话，那么该款式便进入了衰退期（图 1-7）。服装样式的流行发展一般都经过萌芽期、发展期、流行期与衰退期，大多数款式会逐渐被淘汰而消失，但有些款式会流行时间较长，甚至可以保留下来成为经典的款式。

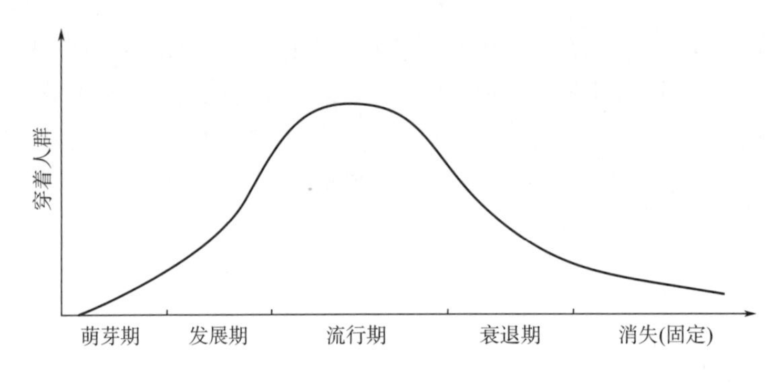

图1-7　流行发展曲线图

3．普及性

一种服装款式只有为大多数目标顾客接受了，才能形成真正的流行。追随、模仿是流行的两大行为特点，只有少数人采用，是不能形成流行趋势的。

4．周期性

一般来说，一种服装款式从流行到消失，过去若干年后还会以新的面目出现。这样，服装流行就呈现出周期特点。20 世纪日本学者内山生等人发现，裙子的长短变化周期约为 24 年（图 1-8）。但是进入 21 世纪，随着流行的多元化与快速化，服装款式的变化周期有所缩短。

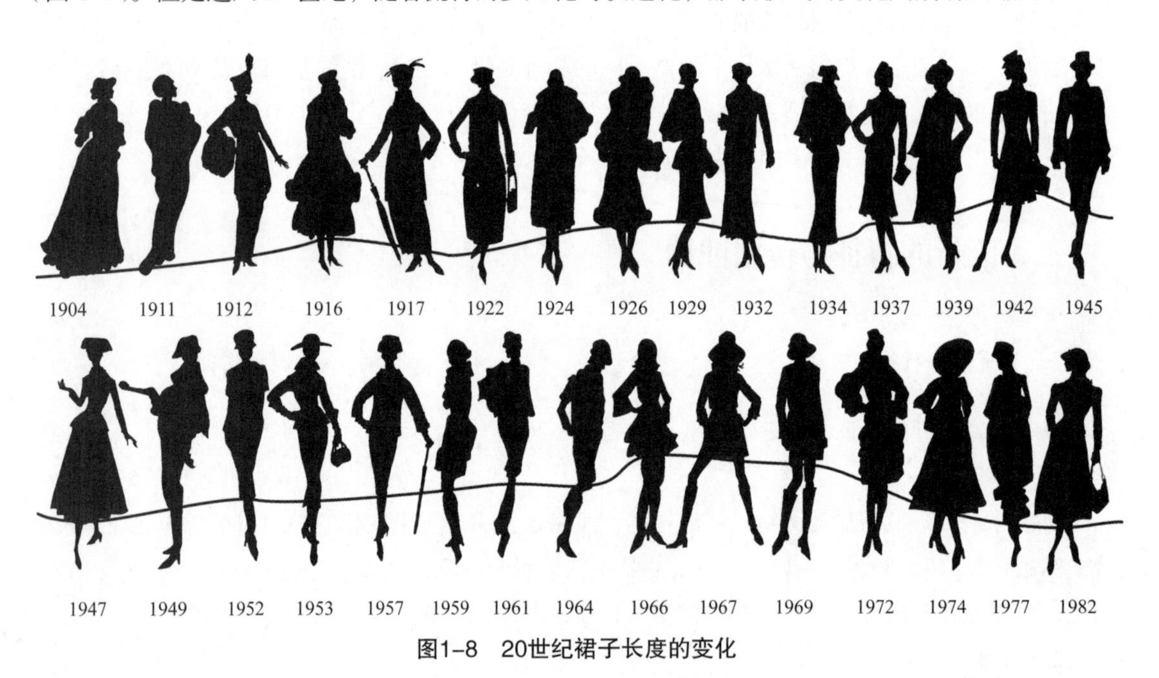

图1-8　20世纪裙子长度的变化

（二）流行的传播理论

根据国内外流行专家的研究，流行的传播理论主要有以下四种代表性学说。

1．自上而下的传播理论

自上而下的传播理论也称为“下滴论”，是 20 世纪初社会学家提出的流行理论。流行从具有高度政治权力和经济实力的上层阶级开始，依靠人们崇尚名流、模仿上层社会行为的心理，逐渐向社会的中下层传播，进而形成流行。传统的流行过程多为此种类型。

2. 自下而上的传播理论

自下而上的传播理论是美国社会学家布伦伯格（Blumberg）在 20 世纪 60 年代推出的，即现代社会中许多流行是从年轻人、蓝领阶层等“下位文化层”兴起的。流行源于社会下层，由于强烈的特色和实用性而逐渐被社会的中层甚至上层所采纳，最终形成流行。这种流行的最典型实例是牛仔裤的流行。

3. 水平传播的理论

流行源于社会的各个阶层，并可在社会的各个阶层中被吸引和采纳，最终形成各自的流行。随着工业化的进程和社会结构的改变，在现代社会中，发达的宣传媒介把有关流行的大量信息同时向社会的各个阶层传播，于是，流行的渗透实际上是所有的社会阶层同时开始的，这就是水平流动论，是在现代大众市场环境下产生的取代传统“下滴论”的新学说。

现代市场为流行创造了很好的条件。现代的社会结构也特别适合让大众掌握流行的领导权，尽管仍存在着上层和下层，但由于人们生活水平的普遍提高，中层的比例显著增加，那种上下阶层间的传统式的对立情绪已被淡化，阶层意识越来越淡薄，因此非常容易引起广泛地流行渗透。

4. 大众选择的理论

大众选择的理论是美国社会学家赫伯特·布鲁默（Herbert Blumer，1900—1987）提出的学说，他认为现代流行是通过大众选择实现的。但赫伯特 · 布鲁默并不否认流行存在着权威性，认为这根源于自我的扩大和表露。

尽管设计师在设计新一季服装时并没有相互讨论，但他们的许多构想却常常表现出惊人的一致性。制造与选购的成衣制造商和商业买手们虽然相互陌生，但他们从数百种新发表的作品中选择为数不多的几种样式却有惊人的一致性。从表面上看，掌握流行主导权的人是这些创造流行样式的设计师或者是选择流行样式的制造商与买手，但实际上他们也都是某一类消费者或某一个消费层的代理人，只有消费者集团的选择，才能形成真正意义上的流行。这些买手和设计师非常了解自己所面对的消费者的兴趣变化，经常研究过去的流行样式和消费者的流行动向，在近乎相同的生活环境和心理感应下，形成某种共鸣。

在每个年代，四种流行的传播形式都可以同时存在并各自发挥作用。自上而下的流行传播过程称为古典的流行传播过程，在相当长的历史时期内一直是流行传播的主导模式。自下而上的流行传播过程，流行理论界对它还有许多争论，持有异议的人认为，那些能够形成一定流行规模的下层社会的流行对象，并不完全按照自下而上的顺序：它首先在下层社会的小范围内流行，被上层社会发现、使用并加以倡导，然后再形成另一种自上而下的大规模流行。因此，这种过程不能构成一种独立的流行传播模式，只是古典的自上而下传播过程的一种变形。水平传播的流行过程与大众选择的传播过程，是在第二次世界大战以后逐渐发展的，现已成为当代社会流行的主导传播模式。

第四节　中国现代流行时尚的发展

一、20世纪前半叶——继承与转变

20 世纪初，我国传统服式虽受到一些外国服式的影响，但基本保持原样。1911 年，辛亥革命废除了帝制，废除了沿袭千年的冠服制度，至此服装出现了一些根本性的变革。城市中的官吏和知识分子是剪辫的先行者；而民国初年的都市女子结婚采用西式婚纱，当时流行中式的袍袄配西式的花冠头纱，手持白花，举行“文明”婚礼；农家女子则依旧红袄珠冠，保持着旧式风俗，总体上城乡差别很大；孙中山先生亲自创导的中山服，就是在结合我国服装原有特点的基础上，参照西装样式，由黄隆生裁制出中山装的原型。政府规定的新服制，男子便是采用中山装或西装，但长袍马褂仍然是常服的一种，长袍外加坎肩、马甲使用也很普遍；高等学府的男生制服主要是立领、三个口袋、七粒纽扣的学生装；这个时期，女士日常装仍以旗袍为主，不同款式并存：有的保留清式偏襟衣裤，有的仿效西式上衣下裙，而学堂中的女学生则多着偏大襟上衣、底襟圆摆、齐肘中袖的短衫，下着黑色绸裙。

20 世纪 20 年代，旗袍开始普及。不久，袖口逐渐缩小，绲边变窄。当时的交际名媛、电影明星在旗袍样式上的标新立异，也带动了潮流，促进了发展。到了 20 世纪 30 ~ 40 年代，旗袍已经盛行，几乎成为我国妇女的标准服装。流行样式的变化主要反映在领、襟、袖、开衩及长度方面。先流行高领，如盖腮及耳的“元宝领”，后流行低领，最后无领。袖子的变化也是时长时短，长则过手腕，短则露肘。

另外，20 世纪 30 ~ 40 年代由于外来商品和西方生活习俗的影响，国内大城市的女子频繁出入交际场所，模仿洋式着装的也越来越多，包括眼镜、手表、遮阳伞等服饰品。如爱好运动的女性模仿美国的简便装束，穿百褶裙，并以胸罩代替旧时的肚兜。20 世纪 40 年代的女权运动甚至使部分女性以穿男式服装为荣，她们剪短发、穿裤子，舍弃所有饰品，一副硬朗的装扮。

20 世纪 50 年代社会主义的中国呈现的是激情燃烧的岁月。列宁装[1]、人民装[2]、中山装成为当时最时髦的三种服装，还有工装裤、鸭舌帽、布拉吉[3]等，都体现了劳动人民的风采。列宁装本是男装上衣，却在当时的中国演变为女装，并成为年轻女性朴素干练、英姿飒爽的时髦打扮。1956 年，团中央和全国妇联研究妇女的着装问题，提倡妇女打扮得漂亮一些。20 世纪 50 年代末，全中国妇女穿花色布拉吉成为时尚。

---

❶ 列宁装：因列宁在十月革命前后常穿而得名，款型为宽西装开领，双排扣，各三粒纽扣，腰上束一根布带。

❷ 人民装：灰色中山装，来自解放区的男性干部服装。

❸ 布拉吉：俄语音译而来，是一种连衣裙，泡泡短袖，褶裙，圆领连身式，后系腰带。

二、20世纪中后期——单色的年代

20 世纪 60 年代的自然灾害，使粮食、棉花大量减产，人们买服装、棉布、日用纺织品已顾不上美观，一般都选择结实的布料和耐脏的颜色。三年困难时期，蓝、灰、黑色服装更普遍，季节不分、男女无异的服装样式也更通行了。

1966 ~ 1976 年期间，布拉吉等西式服装被看成是资产阶级装束，旗袍则成了封建余孽，花哨些的服装被斥为“奇装异服”。这一时期，服装款式渐趋一致，色彩单调，不分年龄、职业、身份、地位甚至性别。西装完全消失，不少人穿上了中山装或干部装，但尤以绿色军装最为盛行。在本已简朴、节约的风尚中，又加入了浓烈的革命和军事色彩。这一受政治影响的服装样式一直持续了 10 年。

1978 年，我国实行改革开放的重大决策，中国人重新自由穿戴服饰。人们迫不及待地接受各种新鲜事物，喇叭裤最先在年轻人中间流行，然而，穿花格衬衫和紧绷臀部的大喇叭裤，戴蛤蟆镜，留长头发、大鬓角、小胡子，这种装扮也使很多人一时难以适应，故这类时尚的“前卫者”也遭到多数人的冷眼和排斥。

三、20世纪后期——与国际接轨的多元时代

20 世纪 80 年代，是传统风格与现代风格转换的时期，人们欣喜地接受了无数新的令人眼花缭乱的流行样式。脚蹬裤、蝙蝠衫是最时髦的时装，袖子大得出奇，与衣服侧面连在一起，张开双臂，样子似蝙蝠。此外，还有直筒裤、喇叭裤、老板裤、萝卜裤、夹克、皮大衣等盛行。在全国范围内，从各级领导到乡村打工仔，都穿起了西装。西装热也带动了时装热，人们的穿衣观念随即发生变化。高跟鞋、旗袍又重新流行起来。之后，服装流行风一浪高过一浪。20 世纪 70 年代末至 90 年代，世界著名服装设计师皮尔·卡丹先生来到我国（图 1–9），他多次举办服装表演，

（a）1978年，皮尔·卡丹在中国街头

（b）1983年，皮尔·卡丹在中国开设高级法国餐厅——马克西姆（Maxim’s de Paris）

图1–9 皮尔·卡丹在中国

对我国服装产生了很大影响，见表1-8。在国际服装大潮和改革开放的市场经济下，随着服装设计作为专业在各大院校开设以及1989年广州举行的第一届中国模特大赛，服装业越来越得到人们的关注和重视，在我国开始蓬勃发展。

表1-8　皮尔·卡丹对我国服装的影响

年份	事件
1978年	作为第一个外国设计师，皮尔·卡丹来到我国，被称为“中国时装的启蒙师”
1979年	皮尔·卡丹在北京民族文化宫举办了一次仅限于专业人士参加的服装表演
1981年	皮尔·卡丹在北京饭店举办了首次面对普通观众的服装展示
1983年	皮尔·卡丹在我国开设高级法国餐厅——马克西姆，这是皮尔·卡丹在我国的第一笔投资，也是我国第一家中外合资的餐厅
1985年	在北京工人体育馆和上海文化宫，皮尔·卡丹举行了大型服装表演。同年，他把12名中国模特请到巴黎表演。当时欧洲数家最大的媒体都以头版报道这条来自“红色中国”的消息，并配以我国模特手举五星红旗乘坐敞篷轿车经过凯旋门的照片，“这是中国模特第一次走出国门”

中西方20世纪各年代服装风格如图1-10 ~图1-25所示。

20世纪80年代中期至90年代，港台影视对中国大陆的服饰流行有着重要影响。20世纪90年代，我国服装快速地与国际接轨，并逐渐走向个性化。文化衫普遍流行，牛仔裤、乞丐装、披肩装、半截装让中国人应接不暇，促使人们的思维迅速转变。1995年国际时尚舞台上开始流行“中国风”。随后，在新旧世纪交替时节，从众的着装观念渐被追求个性化所取代。大庭广众之下，从越来越厚的松糕鞋到新潮前卫的吊带裙、超短裙、露肚脐的半截装、短背心，女孩子们无所顾忌地诠释着时尚新理念。中老年人从看不惯到羡慕年轻人的青春活力，也终于大胆地穿起了色彩斑斓的时髦衣服。尽管目前我国人们的代沟依旧明显，但在对服装时尚的态度上，却已是前所未有的宽容。同时，服装企业也遍地开花，外来、合资、本土的品牌争相出场。

1900年，S型　　1907年，夸张宽檐帽型　　1908年，保罗·普瓦雷的东方风格

霍布尔裙

1911年，外出便装

1914年，外出便装

第一次世界大战（1914～1918年）裙长变短

吉卜森少女形象

图1-10 西方20世纪10年代

1903年，慈禧与外国大使夫人合影

1909年，袖身较以前更加合体，袖口变窄

1913年，私人相片——黑纱透花夹衣裤

20世纪初，买办与洋商

赛金花

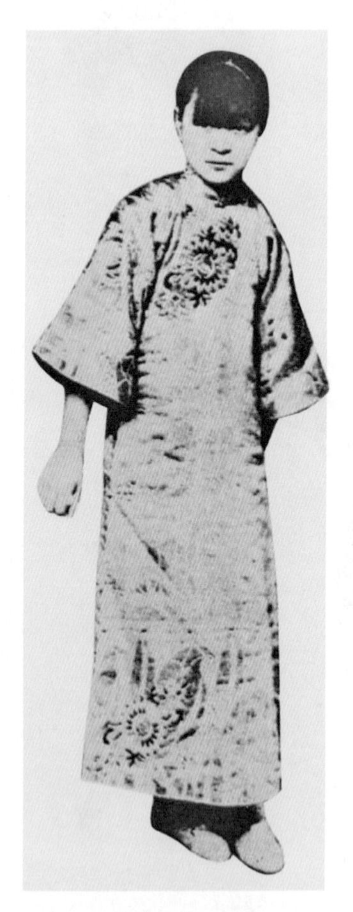

1912年左右，旗袍

1916年，北京培华女子中学校服

图1-11 中国20世纪10年代

短裙出现标志着服饰突破性进展

20世纪20年代初期，服饰简洁而素雅，面料有很好的悬垂感

左图为1925年洋装，右图为1927年洋装，均为平直、简洁、不强调腰身、长至膝盖的日常洋装

女性运动

设计师加布里埃·香奈儿

1926年，Chanel晚装

1926年，Vionnet斜裁礼服

爵士乐大行其道

图1-12　西方20世纪20年代

1921年，领、袖、襟、摆多镶绲花边

旗袍

1928年，月份牌图片

1925年，五四运动以后，女学生朴素雅洁的上衣与绕膝裙

图1-13 中国20世纪20年代

20世纪30年代，强调成熟与妩媚，帽子与手套是时尚重点，人们追求更有女人味的穿着，明星是人们模仿的对象，白色晚礼服塑造女性的性感

1932年，Rouff女装

1932年，Paquin女装

1933年，女性体态美的曼妙曲线

1934年，Schiaparelli女装

1936年，Schiaparelli女装

装饰艺术（art deco）风潮

图1-14　西方20世纪30年代

20世纪30年代，明星蝴蝶

20世纪30年代，明星阮玲玉

1936～1937年，女性服饰以中式旗袍为主

卷发、合身旗袍与高跟鞋

西式连衣长裙

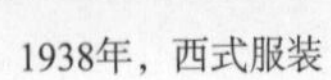

1938年，西式服装

1938年，月份牌图片

当时流行的阴丹士林布广告

西式连衣裙

图1-15　中国20世纪30年代

战争期间女性的新形象

受战争影响的方肩造型与实用特点

好莱坞明星的影响力日益高涨

优雅得体

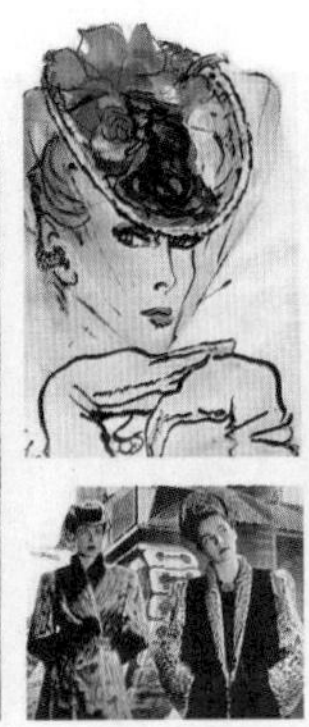

别致的头饰成为时尚

1941年，泳衣

1945年，Fath女装

1946年，比基尼的出现彻底改变了人们的生活和观念

1947年，Castillo女装

1949年，Fath女装

1949年，Schiaparell女装

美式休闲风格异军突起

图1-16　西方20世纪40年代

20世纪40年代，旗袍变短，服装普遍西化

1947年，剧照

1947年，剧照

20世纪40年代，传世相片

新中国成立初期的列宁装

新中国成立初期，上海仍然延续着女性的优雅和明丽

图1–17 中国20世纪40年代

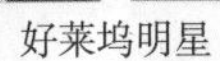
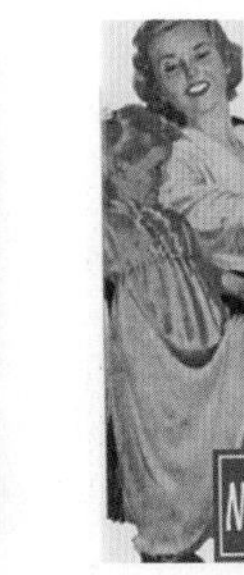

好莱坞明星

20世纪50年代，科技改变人们生活

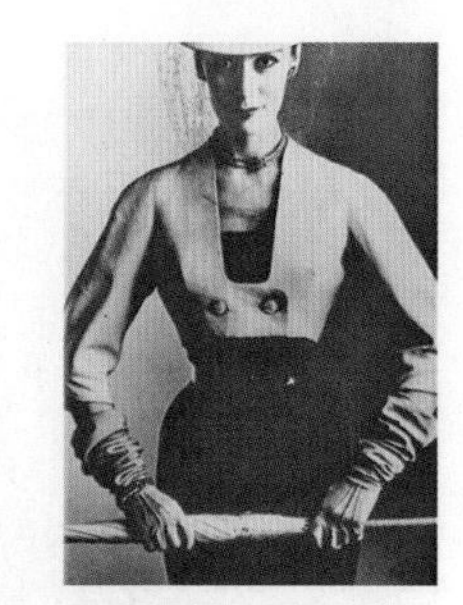

1951年，Dior女装

1951年，Balenciaga女装

1953年，Balmain女装

1954年，Dior女装

1954年，Fath女装

1955年，Balenciaga女装

1956年，Dior的
Cocktail造型

20世纪50年代，如花冠散
开的设计成为时代主流

1956年，Givenchy女装

1958年，Chanel女装

1958年，A字型更加年轻化

年轻文化的兴起

图1-18 西方20世纪50年代

中性化服装

20世纪60年代，流行风潮来源于青年文化、街头文化，对于流行具有划时代的意义

沙宣短发与铅笔体型

1962年，伊夫·圣·洛朗为Dior公司设计的作品

第一位超级模特崔姬年轻、瘦削；1960年，超短裙

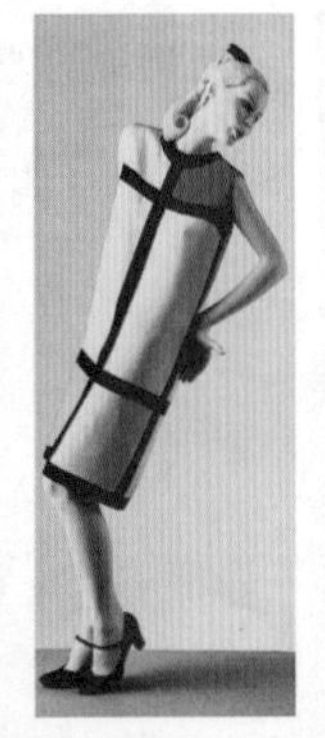
1965年，YSL女装

1965年，Correges女装

1966年，YSL女装

1966年，Pierre Cardin女装

biba look

1966年，Quant女装

1967年，金属材料Rabanne女装

欧普艺术（op art）

1969年，Pierre Cardin女装

图1-19　西方20世纪60年代

1952年，男孩子穿花格布衫，女孩子穿连衣裙，当时已是最为时尚的服装

1952年，列宁装

1954年，普通家庭装束

1954年，《妇女工作者》

1955年，旗袍

1956年，布拉吉

1956年，旗袍

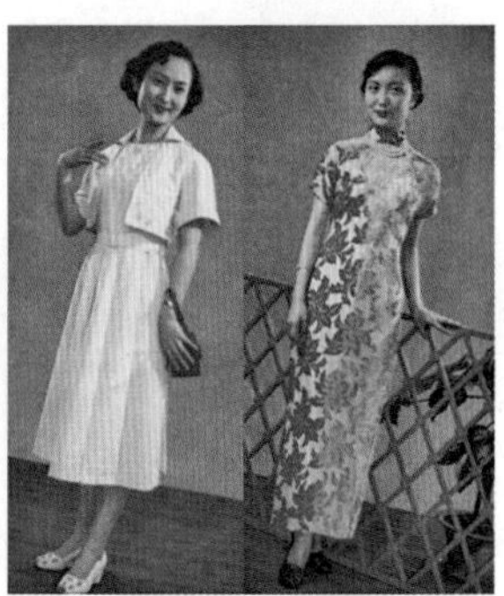

1956年，服装展销会上展示布拉吉和旗袍

20世纪60年代，服装品种丰富

“铁姑娘”形象

“文革”时期服装以蓝、黑、灰为主，绿军装是最时髦的服装，军装的影响一直持续到20世纪80年代初

图1–20　我国20世纪50至70年代

20世纪70年代早期的朋克

20世纪70年代中期的朋克

20世纪70年代中后期的朋克摇滚乐队

迪斯科服装（Disco Dress）

波姬·小丝（Brooke Shield）代言CK Janes，赋予牛仔裤性感形象

女性流行穿裤装，T恤、牛仔裤成为流行服装

1971年，Sonia女装

Esterel无性别服装

1973年，高田贤三休闲装

1975年，高田贤三女装

1976年，Ungaro女装

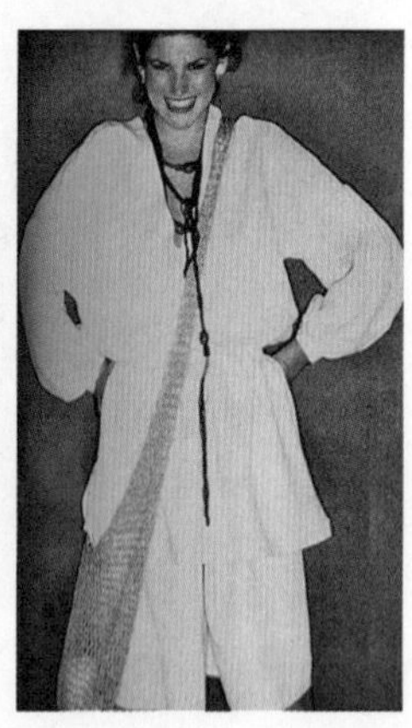

1979年，Ferre女装

图1-21　西方20世纪70年代

20世纪80年代末期，雅皮（yuppies）成功人士形象

朋克风格成为服装风格

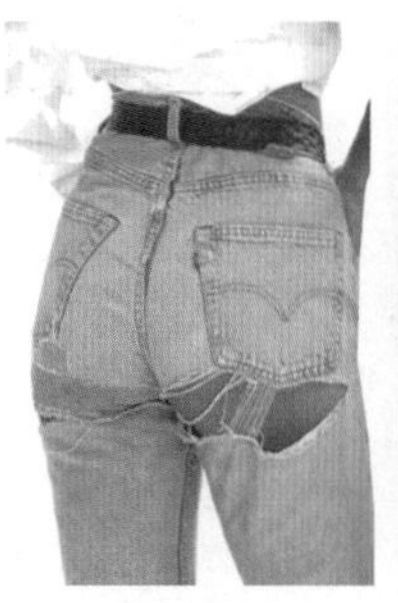

后现代风格表达方式——撕裂

MTV促使明星人气空前上升

戴安娜王妃

1982年，Westwood内衣外穿

1983年，CK女装

名牌手袋，诞生于1984年的Hermes Birkin包

1984年，Versace女装

1985年，Karl Lagerfeld女装

1985年，Eungaro女装

1987年，Bohan女装

1988年，Armani女装

1989年，Gaultier女装，大胆放纵的设计

1981年，森英惠女装

1984年，川久保龄女装

1984年，高田贤三女装

1985年，三宅一生女装

1988年女装

1988年，山本耀司女装

日本设计师

图1-22 西方20世纪80年代

1981年，皮尔·卡丹首次在中国的时装表演

1985年，YSL在中国的服装展示

1986年，健美裤

喇叭裤，《大众电影》

1985年，蝙蝠袖，《时装》

1986年，崔健和中国摇滚

1989年，模特职业化

1988～1989年，秋/冬服装流行趋势

“蛤蟆镜”

1980年，《庐山恋》剧照

1983年，《排球女将》小鹿纯子式发型

1984年，《血疑》引发幸子头、幸子衫

1983年，引发红裙子流行

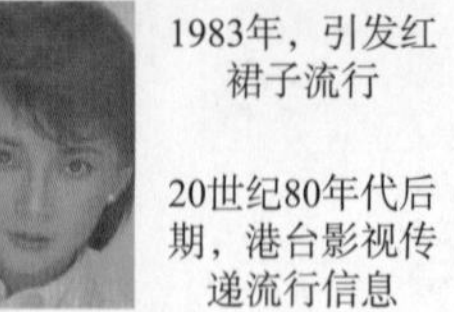

20世纪80年代后期，港台影视传递流行信息

电影电视引发服装潮流

图1-23　中国20世纪80年代

1992年，CK女装

1992年，Jil Sander女装

1993年，Karan女装

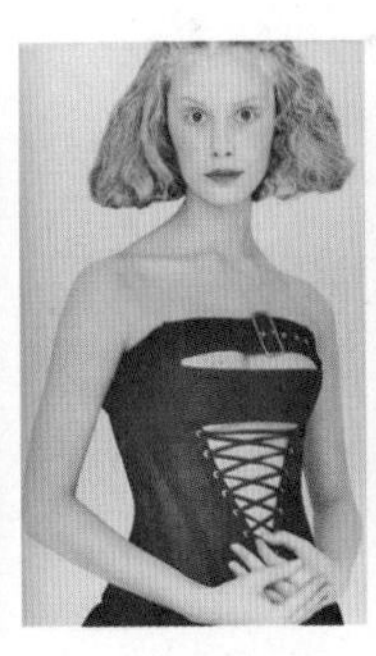
1993年，Gaultier女装

1994年，Versace女装

超级模特是“美”的代表

1994年，Chanel女装

1995年，CK女装

1995年，Karan女装

超级模特凯特·摩丝

1995年，Gucci性感形象

1995年，Prada女装

1997年，Galliano女装

1997年，Prada女装

1997年，D&G女装

1997年，Dior女装

1997年，Armani女装

图1-24　西方20世纪90年代

20世纪90年代初期，统一形式的健美操

20世纪90年代初期，街头休闲服装、牛仔裤穿着普遍

1990年上半年，编织毛衣

1991年，YSL女装

1991年，皮尔·卡丹女装

1993年，美开乐传达了流行信息女装

1994年，兄弟杯作品

1994年，大连杯作品

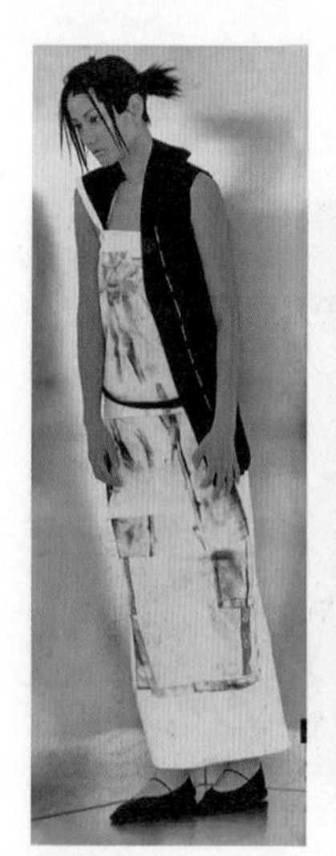
20世纪90年代末期，中国设计师马可探索中西结合的方式

木真了女装

城市丽人女装

1998年，内衣外穿形式的吊带裙

1999年，厚底鞋

图1-25　中国20世纪90年代

四、21世纪——中国成为时尚新势力

21 世纪的前 10 年，我国努力打造自己的设计师。随着中法文化交流活动的开展，服装成为交流的重要部分。2003 年 10 月，借助中国政府在法国举办“中国文化年”所搭建的交流平台，“时尚中华——当代中国优秀时装设计师巴黎展示会”成为中法文化年开幕的重要活动之一，王鸿鹰、梁子、顾怡、罗峥、武学凯、房莹六位年轻人所代表的中国设计师参加了本次法国巴黎时装周（图 1-26）。设计师谢峰的女装品牌吉芬在 2006 年受邀参加巴黎时装周，改变了外国人对中国式服装的固有认识，从 2006 年到 2007 年吉芬已三次走进巴黎时装周。马可的“无用”系列参加了 2007 年巴黎秋冬时装周，带给国际服装界对中国设计的新时代印象（图 1-27）。

王鸿鹰作品　梁子作品　顾怡作品

罗峥作品　武学凯作品　房莹作品

图1-26　2003时尚中华——当代中国优秀时装设计师的巴黎展示会

2006年　2007年 谢峰作品　2007年　2007年 马可作品

图1-27 新世纪的中国设计师在国际时装周上的表现

21世纪第二个10年，世界对“中国创造”的认可与信任，也给本土时尚产业带来了巨大的机会。中国的崛起，在2008年的金融危机中为时尚注入新力量，当欧、美、日奢侈品消费需求全面萎缩时，但在中国市场却呈蓬勃之势。奢侈品带来的不仅是炫耀，也带来了时尚文化，培育了中国民众的时尚态度。

这个时期中国涌现了一批原创设计师及品牌概念店。2015年，为了推动中国设计师品牌，洪晃投资建立了首个具有中国当代意识的中国原创设计概念店——薄荷糯米葱（BNC），并成功建立了设计师与消费者的沟通渠道，让中国设计师的作品与商业接轨，也为设计师提供了一个检验作品的试金石。店内推广与之合作的七十多位设计师、品牌的作品，例如：服装设计师陈平、何艳、王一扬、张达、欧敏捷、范然、刘清扬、蒋翎等的服装作品；马克兔（MRKT）、周七月、王杨等的概念家具；首饰设计师满开慧、张小川、黄一川、王蕾、薛铁、祁子芮与品牌GOLDA&ANA等的个性配饰；年轻人追捧的破壳等潮牌；还有来自Bing设计、浩汉设计、白夜设计、稀奇、叶宇轩、白明辉等设计师的有趣独特的小摆件、餐具、文具、玩具……涵盖了服装、家居、配饰、首饰等，每个设计师的作品都有自己鲜明的风格。栋梁，也是致力于推广本国高级时装零售的多品牌概念店。栋梁合作者包括王汁（Uma Wang）、周翔宇（Xander Zhou）和刘清扬等20位中国最受关注的设计师，并每年坚持以“新鲜空气”（Fresh Air）项目发掘并推荐最新的设计力量，同时以“3 People”来传达来源于设计本身的慈善精神。

同时，国内高端品牌市场也呈蓬勃发展态势。郭培是中国第一代服装设计师，也是中国最早的高级定制服装设计师。很多明星会请郭培设计礼服或者婚嫁时穿的凤冠霞帔。郭培在2016年收到了法国高级时装公会的邀请，成为第一个得到正式邀请成为巴黎高级定制时装周的中国受邀会员。劳伦斯·许的设计同样给欧洲人留下了深刻的印象，范冰冰曾穿过的“东方祥云”的礼服就是设计师劳伦斯·许的代表作品，该作品由 30 位刺绣工花费 11 天完成，后来被英国维多利亚及阿尔伯特（Victoria & Albert）博物馆永久收藏。劳伦斯·许原名许建树，早在 2013 年，他就受到法国服装协会邀请登上了 2013 年巴黎服装高级定制周，把中西合璧的服装带上国际 T 台。他的设计有三个特点，即刺绣、钉珠和完全西化的立体剪裁。在完全西化的立体裁剪中，设计元素却极其古典、东方，一件衣服不仅有西方传统婚纱的露肩元素，还突出了中国的传统手工艺，所以很多明星去国际场合走红毯，会请劳伦斯·许专门为她们定制礼服。劳伦斯·许致力于推动“中国高级定制”，2017 年联袂本土奢华定制鞋品牌玺觅（Sheme），以绘画大师李可染和张大千作品的笔法为灵感，创作了以贵州蜡染、贵州苗绣、苏绣、蜀绣等多种中国非物质文化遗产为艺术灵魂的《山里江南》大秀作品，并在璀璨辉煌的法国巴黎洲际酒店向全世界展示（图 1-28）。

需要一定品牌文化沉淀的高端品牌在中国还只是一个开端。2015 年爱马仕联合中国设计师蒋琼耳成立上下品牌，一个包含中国传统手工艺的高端生活品牌。上下品牌走低调精致的路线，我们很难看到关于它的商业广告，同时，它也不依赖爱马仕这个奢侈品牌存活，在产品设计上，依然具有一定的独立性（图 1-29）。

当下，人们越来越关注设计本性的思考。工业文明带来的危机也正在唤醒越来越多的人，设计回归以人为本，围绕人的需要而展开，人性化设计与绿色设计思想成为 21 世纪永恒的设计主

2007年，郭培作品，轮回

2018年，郭培作品，极乐鸟

图1-28

题，时尚设计更承载了对人类精神和心灵慰藉的重任。这与中国的天人合一的哲学思想不谋而合，我们有理由期待中国时尚产业不断进步。

2015年，劳伦斯·许作品，敦煌

2017年，劳伦斯·许作品，山里江南

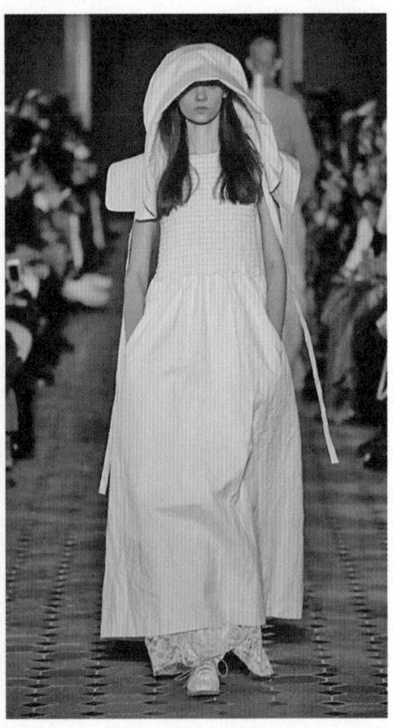

2018年，王汁作品

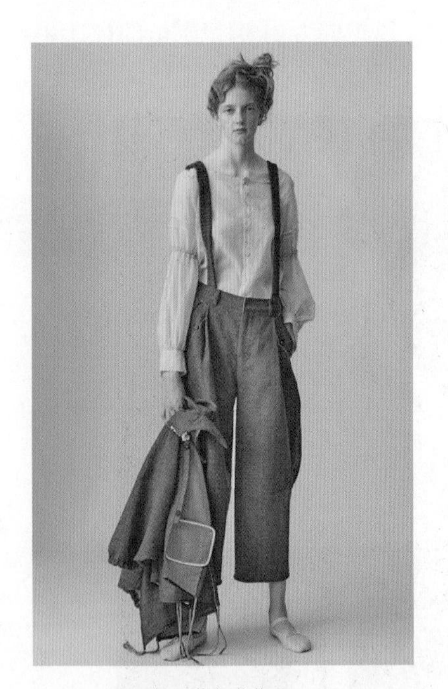

2018年，苏仁莉作品

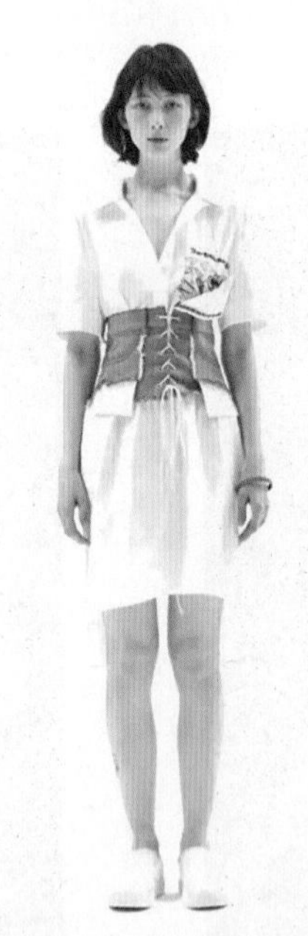

2018年，吉承作品

2018年，上官喆作品

图1-28　21世纪中国原创设计师

题，时尚设计更承载了对人类精神和心灵慰藉的重任。这与中国的天人合一的哲学思想不谋而合，我们有理由期待中国时尚产业不断进步。

“桥”系列竹丝扣瓷手镯

“桥”系列竹丝扣瓷茶杯

“康熙南巡图”真丝/羊绒印花围巾

“揽月系列”手提包

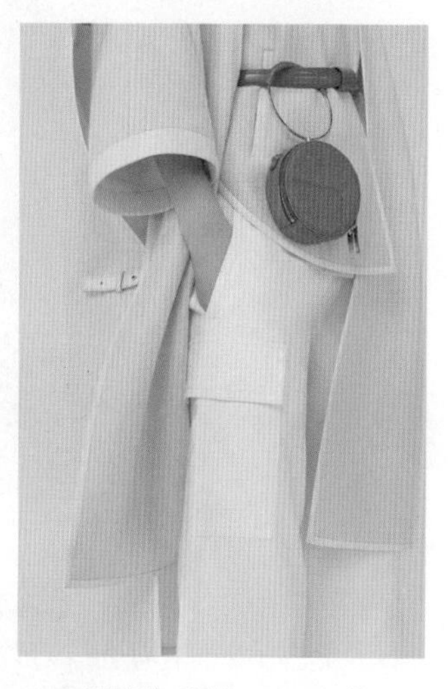

“明月”系列Candy Box包

图1-29　中国高端品牌“上下”

本章练习

1. 查询资料，了解 19 ~ 20 世纪各时期的艺术风格。
2. 查询资料，了解各时期的主要设计师及作品。

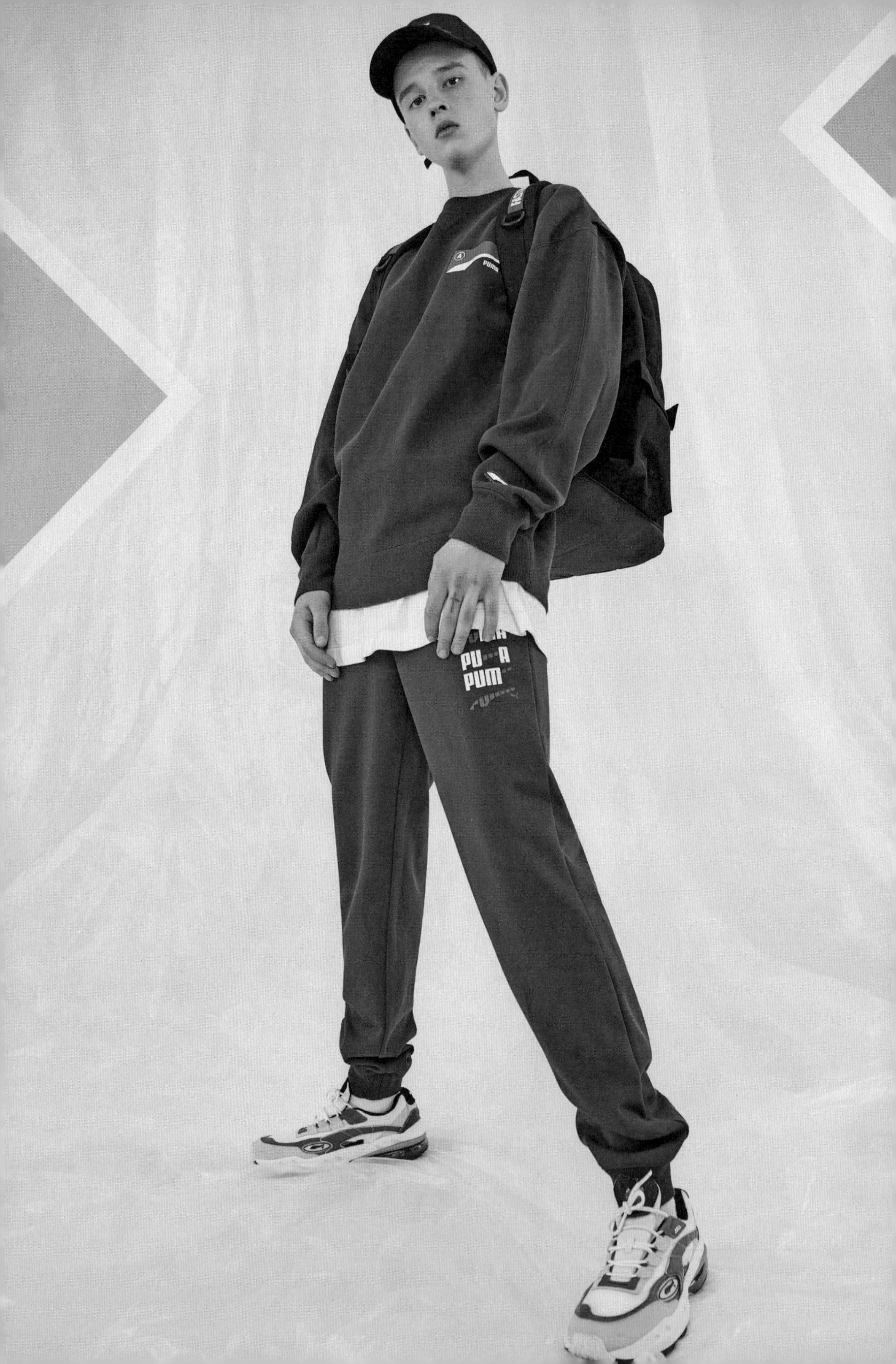
PUMA

基础与训练

第二章 服装流行趋势

- 第一节 流行趋势的概念
- 第二节 现代流行趋势的形成与发展
- 第三节 流行趋势的相关概念与常见的流行风格
- 第四节 流行的类型
- 第五节 流行服饰的分类

课题时间： 8课时

训练目的： 让学生了解流行趋势的概念，掌握当前流行趋势的特点以及观察流行趋势的方法。学习对各种流行风格的表达。

教学方式： 由教师讲述课程理论，通过学生讨论发言提高观察能力。

教学要求： 1. 让学生掌握流行趋势的概念。

2. 让学生掌握当前流行趋势的特点。

3. 让学生通过画面表达的实践操作，理解各种流行风格。

4. 教师对学生的练习进行讲评。

作业布置： 流行风格训练（寻找一种服饰风格，运用适当的图片、关键词来描述，作业格式为JPG文件）。

第一节 流行趋势的概念

第二次世界大战结束以后，世界经济有了较长时间的增长，流行的社会环境发生了一系列的变化，服装的生产方式、销售方式、传播媒介以及消费群体的变化促使服装流行模式产生了根本性的变化。水平传播的流行模式成为主导模式，服装业要在流行浪潮中获取利润，必须开发既具有创造性又吻合目标消费群品位的服装样式。因此，对于服装流行需要根据多种影响因素综合分析，预先了解其发展方向。现阶段服装流行风格的持续以及未来一段时期的发展方向，被称为服装的流行趋势。

服装的流行趋势是市场经济的产物，也可以说是社会经济和社会思潮的产物，是在收集、挖掘、整理并综合大量国际流行动态信息的基础上，反馈并超前反映在市场上，以引导生产和消费。

第二节 现代流行趋势的形成与发展

一、服装生产的变化

自查尔斯·弗雷德里克·沃斯 1858 年在法国巴黎开设第一家高级时装店开始，20 世纪上半叶的巴黎高级时装业日趋发展和兴旺。第一次世界大战结束后，加布里埃·香奈儿及时把握时代特点，以米黄色、黑色为基调，设计出简洁时髦、带有功能性的筒型服装，并将人造宝石引入高级时装，开创了 20 世纪高级时装的第一次繁荣。第二次世界大战结束后，顺应战后人们渴望和平幸福的愉悦心态和清新自然的文化风貌，克里斯汀·迪奥推出了曲线造型的花冠型作品，圆顺自然的肩部、束腰宽摆的裙身，强调女性优雅的形体美感，与第二次世界大战时女性军服式的耸肩、男装廓型结构形成鲜明对比。此后，克里斯汀·迪奥每年推出新的服装造型，如“斜线型”“郁金香型”“A 字型”等，开创了 20 世纪高级时装的第二次鼎盛时期。在克里斯汀·迪奥的影响下，高级时装得以拓展，这一时期巴黎高级时装店达 50 家之多，高级时装顾客多达两万余人。

20 世纪 60 年代中期，成长起来的年轻一代，其价值观与传统观念背道而驰，在西方掀起了一股强劲的反传统、反体制的“年轻风暴”，以成熟、高雅为消费对象的高级时装受到猛烈的冲击。据《时代》（*TIME*）杂志统计，高级时装顾客在 1964 年有 15000 名，1974 年已减少到 5000 名。而高级时装店在 1962 年有 55 家，1967 年减少到 32 家，5 年间减少了 42%。而英国在 1967 年年轻浪潮达到高潮时，占全国人口总数仅 10% 的年轻人（15 ~ 19 岁），在服装市场的整体购买力约为 50%，美国与其他西方先进国家也有相同的倾向。

与此同时，美国成衣业生产技术的发展对以法国为代表的高级时装生产方式产生了巨大的冲击。受到法国时装的影响，美国不断发展自己的成衣制造业，并在 20 世纪 40 年代开始快速发展，但20世纪50年代以后，才真正形成现代意义的成衣（ready-to-wear）生产体系，而之前在很大程度上还停留在并不规范的和手工业的"批量制造"上。当年青一代投入服装界后，他们关心的重点是大胆的造型、崭新的色彩以及富有震撼的效果，服装流行的生命周期短，款式转换频繁。因此，完美的裁剪成为次要因素。而随着技术水平的提高，服装生产效率越来越高，现代化的生产技术可以确保在短时间内以低成本迅速完成批量订货，从而为流行的迅速扩散和传播提供了坚实的物质基础。这些价格便宜的商品构成了消费量惊人的庞大的成衣市场。

二、消费市场的变化

第二次世界大战后的经济增长带来了平等的消费社会，以往一直被排除在高雅世界之外的大众妇女，随着财力相对增加，开始留心时尚变化。妇女杂志、电影、收音机等新媒介不断提供新的信息，以满足普通民众对美的欲求。随着民主意识的增强，中产阶级的扩大，社会消费结构也从原来的金字塔形变为纺锤形（图2-1）。

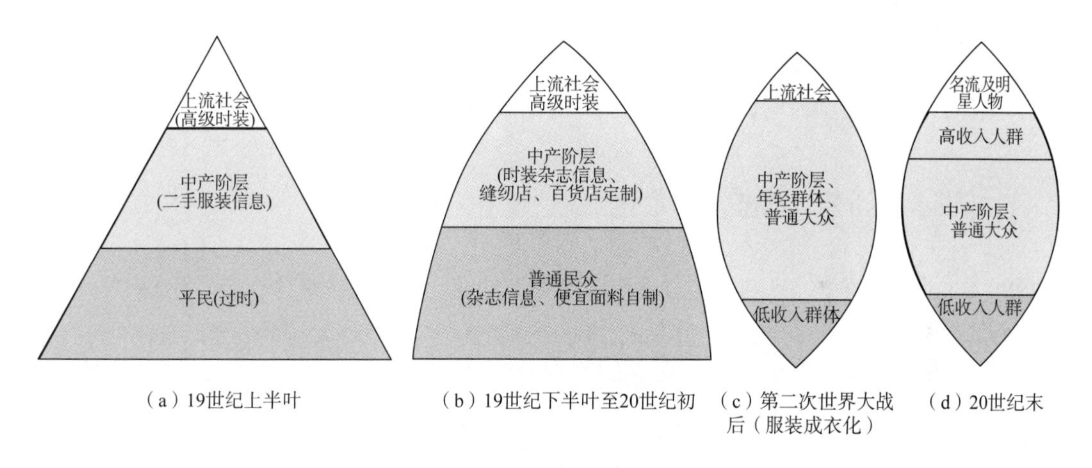

图2-1　消费群体的变化

在高级时装日益萧条的情况下，伊夫·圣·洛朗和皮尔·卡丹等法国杰出的时装设计师开始积极开拓高级成衣的市场。1963～1965年，一批充满反叛精神的青年设计师纷纷以高级成衣设计师的身份进入时装界，使得高级成衣独立于高级时装成为新的产业，开始蓬勃发展。自20世纪70年代起，为了在市场竞争中追求商业利润，高级时装公司纷纷推出"二线品牌""三线品牌"，面向年轻的、消费能力低而有强烈时尚需求的顾客群。20世纪90年代，高级时装品牌如Gucci、Dior等与年轻新锐的设计师合作将时尚推向新的高度。Gucci、Dior、LV、Prada等品牌全都改走年轻、原创风格，加之大众负担得起的配件与行销手段，使时装界呈现出如摇滚明星般的娱乐效果。当明星如维多利亚·贝克汉姆（Victoria Beckham）穿着某些著名设计师的服装时，数以万计的时尚女性都想模仿。

然而，能够购买像Dior或Prada等奢侈品品牌的人群并不多，流行服装品牌如Zara、H&M以及Topshop等为大众提供了不错的选择。这些流行品牌有才华横溢的年轻设计师团队，创造出有趣而新鲜的服装作品，灵感直接来自高级时装秀的T台。其中大型服装销售品牌H&M与全球知名设计师卡尔·拉格菲尔德合作，在2004年推出了中价位套装，引起空前的购买狂潮，这都表明高级时装与大众流行已经果断地朝着彼此的方向走去。

消费者成熟的时尚思想也促使时尚体系发生了巨大的变化。以前，时尚体系同样犹如金字塔：顶端的是高级定制服装，接下来的是设计师品牌的高级时装，中间是年轻的挑战者品牌，最下端的一大块才是大众零售市场。现在，已发生了巨大的变化，徘徊于这个架构周围的，还有街头流行服饰、运动服饰及定制服装等。同时，消费者也不再傻傻地待在某个特定的区域，他们会游走于不同的领域，如购买LV或Dior的最新主打包，也会走进Zara购买几十元的T恤，还可能会到另一家定价稍微贵点、但不那么有名的年轻设计师的服饰店里购买一条裙子。奴隶式的品牌崇拜已成为过去，Lanvin品牌设计师阿尔伯·艾尔巴茨（Alber Elbaz）最近评论："我们已经到达一个转折点，没有人再固定只穿着某个品牌的标识了。人们会毫不犹豫地将Lanvin跟Topshop搭配在一起，一切都变得更加民主。"

新的文化思潮与消费市场促使服装流行发生变化，服装商家必须做到超前才能在市场上获取利润。服装业者开始注意到这一变化，于是从设计、制造到销售，整个过程都在密切注意消费动向，收集消费信息，以做到符合消费者的口味。在整个服装流行的过程中，对于流行趋势的发动、引导成为现代服装生产的重要组成部分。

三、国际流行发源地的多元化

20世纪60年代的年轻思潮使服装产生了革命性的变化，彻底扭转了人们的服饰观念。随着高级成衣以国际流行的主流姿态隆重登场，年青一代的设计师对大众服饰观念有了新的诠释，世界各地的女性不必再紧张地盯着巴黎高级时装，服装流行由单一的高级时装流行传播方式进入了一个多元化的、民主的成衣时代。巴黎不再是国际服饰唯一的创作中心，米兰、伦敦、纽约、东京、中国香港等大都市，各自以其独特的风格成为新的创造中心，服饰世界从此进入向多样化、国际化发展的时代。

（一）巴黎——高级女装之都

巴黎是公认的全球时装的领导中心。"巴黎时装"一词的概念，包含了高级时装、优雅、艺术性、上流阶层的顾客以及对国际服饰的独裁式的影响力等复合性的内容，法国也因此在以往的两百年间一直处于流行领导者的地位。

法国对外的设计政策是十分开放的，不分国籍，不分民族，为所有的设计师创造良好的施展才华、平等竞争的环境，种种因素吸引了全世界有才华的设计师来到巴黎，如意大利的皮尔·卡丹，日本的森英惠（Hanae Mori）、山本耀司、三宅一生、川久保龄等。Chanel品牌于1984年启用来自德国的卡尔·拉格菲尔德，Dior品牌于1989年启用来自意大利的设计师詹弗兰科·费雷（Gianfranco Ferre）。高级时装品牌还在20世纪90年代末期纷纷启用年轻且具有反传统性格的设计师，如Dior品牌启用英国的约翰·加里亚诺，Givenchy品牌启用英国的亚历山大·麦克奎恩，

LV 品牌启用美国的年轻设计师马克·雅可布（Marc Jacobs）等。活跃于时装之都的设计师的群体构成是国际性的，因此设计文化呈现出混合性与开放性。

代表最高设计水平的巴黎高级女装，经过 20 世纪的起起落落，其创意性、艺术性对国际时装设计界起着导向作用。

法兰西的历史文化、艺术素质和整体的穿着环境，构成了巴黎时装的样式风格，造就了巴黎设计师的个性特征，即融历史、艺术和文化于一体，主题相当广泛。而高品位、艺术化，精细奥妙，最大化地体现了服装美是巴黎时装的特征之一。而高品质与高价位、时尚的外形、华贵的质地、精良的做工和最具号召力的设计师品牌，构成了巴黎的服装风格。巴黎的一代名师推动了世界时装业的发展，巴黎的名设计师也因此被誉为伟大的艺术家，其设计作品是可以与画家、雕塑家作品相提并论的艺术创作（图 2–2）。

Dior女装　　Chanel女装　　Celine女装

图2–2　巴黎服装风貌

（二）米兰——高级成衣之都

意大利的设计师将历史悠久的意大利传统手工艺和意大利人独有的新鲜创意带到国际时装界。20 世纪 70 年代中期，意大利的成衣业和服饰品工业开始了真正的繁荣，意大利以其卓越的制造技术和务实的商业作风对巴黎产生了真正的威胁。1975 年，意大利国家时装委员会在米兰举行了第一次大型的成衣交易会，并作为“米兰时装周”的形式固定下来。

“丰富”“有气魄”“追求休闲与运动精神”等词汇通常被用来描述意大利风格。与巴黎的抽象与高傲相比，鲜艳的色彩、豪华的面料、优良的做工以及幻想曲与戏剧般的感觉，使意大利服饰艺术既具个性化的特点，又拥有相当的实际感和亲切感。

米兰的时装样式和风格是朝着与巴黎不同的方向发展的，即以高雅大方、简洁利索的便装为主。米兰时装的一个鲜明特征便是将高级时装平民化、成衣化。米兰的高级成衣拥有更持久的商业化的实践能力和更强的对不断变化的消费需求的适应能力。米兰设计师吸收并延续了巴黎高级时装的精华，融合了意大利民族特有的文化气质，创造出典雅而简洁、民族性强而又实用的时装风格。米兰的时装在社会上的应用范围广泛，深受世界及各个阶层的女性消费者欢迎（图 2–3）。

Versace女装　　Dolce & Gabbana女装　　Giorgio Armani女装　　Prada女装

图2–3　米兰服装风貌

（三）伦敦——前卫、年轻化、具有特定的消费群

在 20 世纪 60 年代中期，国际时装的前奏并非由法国巴黎来调控。最前卫、最富创意的时装是穿在伦敦街头的少男少女身上，而不是上层社会富有的贵妇身上。伦敦年轻的设计师在街头开店，以卡纳比街（Carnaby Street）[1] 为代表的街头青年的年轻风貌（young look）对整个欧洲触动很大。

伦敦服装虽然也沿袭了优雅的传统风格，但和巴黎相比，叛逆的性格则更加突出。自年轻设计师玛丽·匡特推出“迷你裙”，伦敦便以年轻风貌在国际服装界取得相当地位，与巴黎和米兰相比，英国的设计师更具有创造力、更前卫，也更能吸引特定的顾客群。“朋克之母”维维安·韦斯特伍德是英国人，有“设计鬼才”之称的约翰·加里亚诺来自英国，“坏男孩”亚历山大·麦克奎恩也是来自英国。英国设计师凯瑟琳·哈姆尼特（Katherine Hamnett）认为：“街上的年轻人会搭配各种服装穿法，不花一分钱便能发挥自己的创意，而英国流行服饰的点子，就是从那里得到的”（图 2–4）。因此，将伦敦称为时尚界的才华储备站也许并不为过，伦敦的秀与巴黎和米兰相比，更加清新和无所 顾忌。在每年举办的设计新秀比赛中，都会涌现出让人兴奋的设计人才。

[1] 卡纳比街：20 世纪 60 年代伦敦有名的服装街。售卖各种冒险性的、突出身体曲线的、颜色大胆的服装，符合年轻人善变的口味。店主或店铺的经营者都是年轻人，与目标顾客有着相同的品味，店面大都装饰活泼，橱窗展示生动，店内播放摇滚乐。

John Galliano女装

Alexander Mcqueen女装

Giles Deacon女装

伦敦时装周清新而无所顾忌

图2-4 伦敦服装风貌

（四）纽约——便服风格，追求轻松、讲究功能

美国是最早进入成衣化时代的。在第二次世界大战期间法国被德国占领时，美国便获得有史以来独立创造款式的机会。以其成衣为背景，美国开始致力于挖掘培养本土的服装设计师，并沿着设计开发运动装的方向发展。20 世纪 70 年代，美国的时装业开始不受法国时装与英国时装的引导，从 20 世纪 60 年代的年轻风貌与迷你裙中走出来，开始发展属于自己的服装文化：自信的中等长裙，简约的男式女装、裤装、牛仔装和中性服装。美国从遵循欧洲流行的道路中成熟起来，而形成的美国风格又开始反过来影响欧洲，如高级女装 LV 启用了美国设计师马克·雅可布。

与洋溢着奢华与非商业性气息的法国巴黎相反，美国纽约以其中、西部开拓者的着装习惯为背景，建立了自己特有的便服风格。勤于工作而又追求玩乐的美国人，追求轻松、讲究功能。他们率先导入牛仔裤、斜纹粗棉布、平底鞋等，将运动服装提升到流行的层次，也将流行的种子撒到日常生活的每个角落。

与美国的国民精神一样，纽约的设计师讲究“实用第一”的风格。在他们看来，巴黎的高级时装过于贵族化，并不适合美国的女性消费者，他们主张随意、休闲并略带些怀旧复古情调的设计路线。所以，纽约时装风格以实用舒适的功能性为基调，以便装为主的时装成衣化展开设计，设计面向大众和平民，这是美国后来居上并成为工业制衣王国的原动力（图 2-5）。

（五）东京——追求面料带来的意蕴之美

日本设计从 20 世纪 70 年代末开始向巴黎时装进军，从森英惠、山本耀司、三宅一生到川久保龄，日本设计师开始进入世界时装设计的主流。到 20 世纪 80 年代中期，日本设计以其独特的个性受到国际关注。

Lacoste女装　Ralph Lauren女装　DKNY女装　Calvin Klein女装　Miss Sixty女装　Donna Karan女装

图2–5　纽约服装风貌

精于模仿的日本人，将日本艺术和西方风格巧妙融合，为服饰领域增添了蕴含哲理的东方意蕴。他们并未完全追随西方的时尚潮流，而是大胆地发展日本传统服饰文化的精华，形成一种反时尚的风格，服饰美的外延得以扩展，材质肌理之美战胜了统治时装界多年的装饰之美。同时，这种风格还影响了西方的设计师。例如，1981 年春 / 夏巴黎时装周，山本耀司和川久保龄给时装界带来震撼，但并没有带来赞美。川久保龄设计的古怪妆容与不洁的头发被评论为阴沉而压抑，山本耀司设计的破损、打结和撕扯等细节被称为“不被期待的艺术、无形态、不搭调”。在西方人看来，他们的设计既不追求性感表现，也不追随高雅品位，线条松垮，色彩阴暗。而五年之后，巴黎时装界开始明白、承认并赞赏他们的风格，认为日本设计师给西方带来一种全新的设计思想，明白了“服装也能和思想扯上关系”，并热情地赞美这种独特设计中所蕴含的哲学艺术。直到 20 世纪 90 年代，崇尚个性、厌倦俗气炫耀、抗拒主流文化的时髦人士迅速爱上这些充满哲学意味和小众色彩的设计，日本设计在强大的西方时装体系中独树一帜，并永久性地改变了世界时装史。现在东京街头的时尚文化常常会带给设计师们新的设计灵感。

东京的时装风格既保持了浓厚的东方传统文化色彩，又开创了服装穿着的新观念，以不强调合体、曲线，宽松肥大的非构筑式设计取代了西方传统的构筑式窄衣结构，并对布料与人的关系作了全新阐释：把人体视作一个特定的物体，将面料作为包装材料，在人体上创造出美好的视觉效果。在这种观念下形成的样式风格促进了东西方服饰文化的碰撞与交融，推动着西方服饰文化朝着东西方融合的国际化方向发展，这也是日本服装设计师打入巴黎的根本所在（图 2–6）。

三宅一生女装

山本耀司女装

高桥盾女装

日本街头服饰搭配

图2-6 东京服装风貌

四、国际流行趋势的一致性

随着 20 世纪末消费时代的到来与网络媒体的发展，流行时尚一日千里，今日巴黎刚流行的款式，明日就可能在东京的街头出现，服装款式的更新速度是以往任何时代所不能想象的，全球化趋势使国际服装的流行趋势呈现出一致性的特点。

人们或许会奇怪，同一季节里，如此多的服装品牌为什么会不约而同地推出相似的款式呢？服装流行的传播与实现是集体相互作用的结果。各大高级品牌的流行趋势发布会，巴黎、米兰、伦敦、纽约、东京时装周上各大成衣的展示，媒体的不断报道等，这些已形成现代服装流行运作的固定模式。图 2-7 所示的结构显示出这个过程的演变形式。

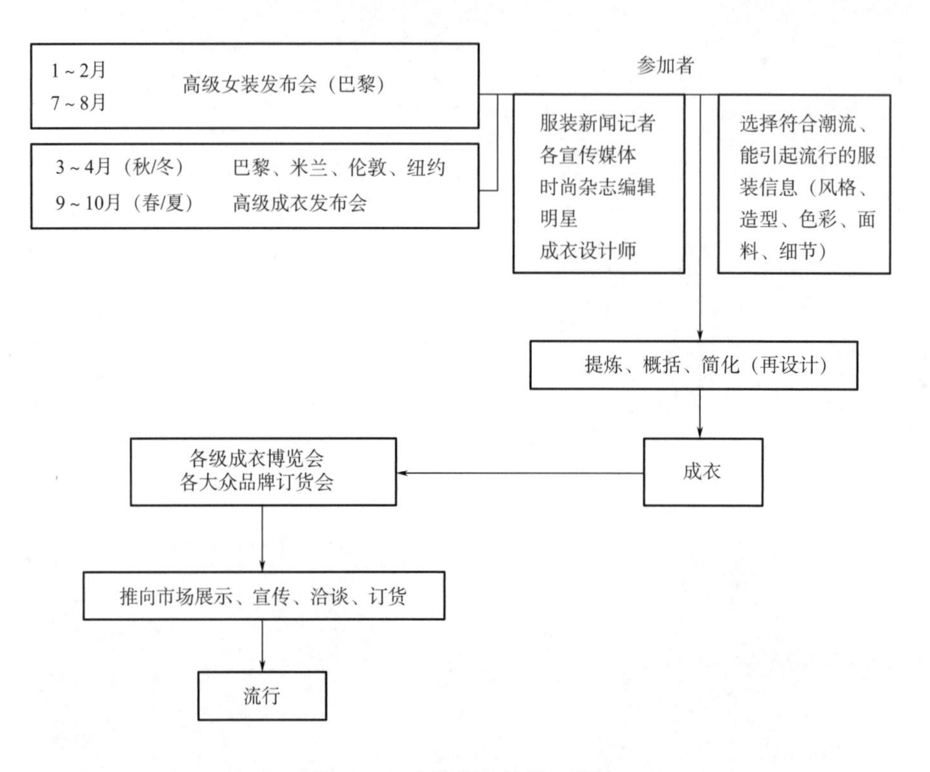

图2-7　国际流行趋势的一致性

五、现代流行趋势的结构

高级时装发布会定期向人们传递最新信息，而街头流行同样可以引发设计师们新的灵感。在当今信息传播如此发达的时代，时装业的全球化受到全球政治、经济、文化的共同影响，所有的流行从业人员，都会看到一样的时装发布会，收到相同的预测结果，他们利用相同的原料，创造出类似的产品。同时，时尚媒体在这样的环境中与他们一起培养相同的默契，广大消费者处于这个时代的大浪潮中，也同样收到相似的信息，同样被培养出类似的兴趣。

众所周知，消费者通过模仿与从众心态推动流行的大众化，因此在流行的浪潮中，大多数消费者的参与往往是一种无意识的行为，而服装产业的从业者往往会有意识地制造并推动流行的发展。设计师们在广泛认同流行趋势内容的条件下创造作品，采购人员和零售商可以确定设计师的作品是否流入市场，而只有当消费者购买这些服装后，才能真正形成流行。因此，现代的流行产业便在少数人的“有意”指导下和多数人的“无意”推动中不断循环发展，由设计师、出版商、零售商、消费者共同创造流行。他们各自在流行浪潮中做出自己的贡献：设计师，调查市场、了解时代特征、发表流行趋势；媒体，跟踪各大发布会、适时报道各大预测机构的预测；零售商，过滤、贴近顾客、实用而富有变化；消费者，有见地地选择适合自己的东西、更倾向于个人风格。

由此可以发现，现代的流行产业是一种有计划的活动，而在这种计划中有来自不同层面的因素，这些因素都会对最终的市场表现产生影响。通过图 2–8 所示的结构图我们可以更加充分地理解当代的流行结构。

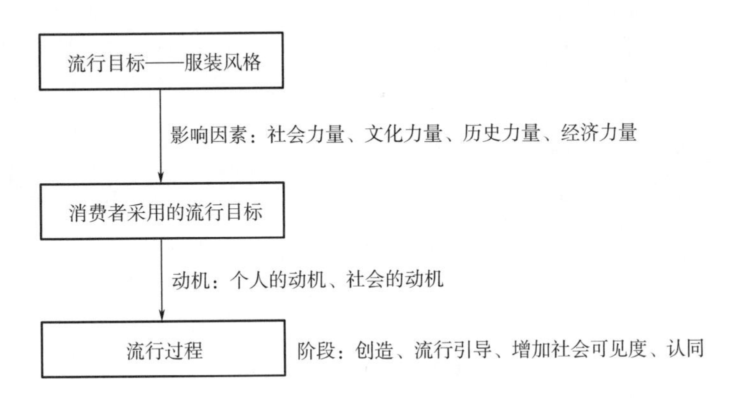

图2–8　现代流行趋势结构图

第三节　流行趋势的相关概念与常见的流行风格

当人们谈到流行时，总是有些神秘、不可捉摸，而有关服装流行的话题也有许多差别微妙的词汇，如风格与品位、流行与时尚、高雅与优雅等。不同的时代会产生许多与流行趋势相关的新词汇，如跨界合作、混搭等。而这些词汇本身所包含的概念与意义，也会像流行本身一样不断变化。

一、相关概念

（一）时尚（trend）

流行过程处于发展期的阶段时常被称为"时尚"，也被译为时髦。意味着前卫与流行，属于社会中少数人群的穿着形式，具有某种尝试的意思，在某种程度上，它往往是具有最新倾向的新样式。

"时尚"通常被用作形容词，如"她打扮得很时尚""时尚生活"。在日常生活中，"流行"经常作为名词、动词或形容词，如"花苞裙的流行"（名词）、"今季流行花苞裙"（动词）、"花苞裙很流行"（形容词）。

"流行"的过程包括"时尚"，时尚的东西一定或者将会是流行的东西，但流行的东西不一定时尚或已经退出时尚的范围。

（二）风格（style）

风格指的是独特性和差异性。可以从两个方面理解风格：服装风格与个人风格。

服装风格是多样化的，包含来自历史、种族、职业、亚文化等各方面的元素。例如，按各个历史阶段分，可分为古希腊时代风格、罗马帝国时代风格、维多利亚时代风格等；按不同地域分，可分为中国风格、日本风格、印度风格、美国风格、波希米亚风格、非洲风格等；按不同职业分，可分为军人风格、运动员风格、经理风格、飞行员风格等；按亚文化群体分，可分为西部牛仔风格、预科生风格（preppy）、嬉皮风格（hippie）、雅皮风格、嘻哈一族、bobo 族等。

所有这些具有不同时期、地域、文化与职业特色的服装互相影响、融合并融入流行中。某段时期的某种风格跃出，成为被大众接受的流行服饰。例如，19 世纪初新古典主义时期重要的服装风格就是古希腊风格，19 世纪末再度流行由保尔·波阿莱（Paul Poriet）设计的古希腊风格的服装，2004 年流行风格之一也包含有古希腊风格的元素；20 世纪 60 年代流行嬉皮风格服装，20 世纪 90 年代末嬉皮风格再度流行，并在新世纪不断演化而赋予新的感觉。所以说，“时间所掌握的只是流行，而不是风格”。

个人风格是吸收流行、表现流行的一种方式与方法。一个能够充分理解各种风格的时尚女性，往往可以按照自己的特点来搭配不同的穿着方式，在平价服饰与高级服饰、前卫与典雅风格之间创造出人意料的搭配方式。无论流行如何变化，都能够展现自己的风格。

个人对风格的感受能力是可以逐渐培养的，同时随着个人风格的形成而更加丰富。这种个人风格的创造能力具有原创性，其他人很难模仿，但可以很快被旁人认出并往往会被投以羡慕的眼光，如 20 世纪 20 年代的加布里埃·香奈儿，其独特的个人衣着引领了那个时代，并形成经典的香奈儿风格（图 2-9）。

1960年

1983年

2003年

2007年　　2011年　　2017年

图2-9　不同时期Chanel品牌作品

（三）品位（taste）

品位是指对事物有分辨与鉴赏的能力，是对某种风格的观察、评价与赞赏。品位有好与坏、出色与拙劣、温和与夸张、争议与认同等。

品位是一种选择。选择手工的或是机器制造的、通俗的还是古典的、原创的还是冒牌的，你的选择决定了你是什么样的人，你的品位诠释着你的风格和举止。无论是挑选一件衣服还是选择一本书、一张唱片，无论是选择一种职业还是选择一个伴侣，好品位都在影响和体现着人类行为的方方面面。品位是一张标签，告诉我们你是谁、你要什么以及你有着怎样的生活方式；品位是一张通行证，它引领你呼吸时尚的空气，触摸流行的脉搏，融入与你气味相投的社交圈子。

品位会不断变化，并且可以通过学习而获得。斯坦利·马库斯（Stanley Marcus）认为："人们可以学会如何用自己的眼光区别好与坏，而且具有正常智商的人都可以发展出好的品位。"对自己品位感到自信的人，在流行的浪潮中常常可以选出体现自己的东西，而不会被流行的浪潮所淹没。当一个人的品位提高时，意味着可能会淘汰自己认为不合品位的人物、服装、商店、刊物、电影等，学会如何观察和判断设计、手工和材质等各方面的好坏。

（四）高雅（chic）

"高雅"一词一般用于形容人的言辞及气度。在流行时尚中主要表现在选择服装及配饰时所展现出来的阳春白雪般的丰富内涵，虽然单纯，但感觉强烈。高雅的格调是受众人景仰的，但是却只有少数人能够做到。高雅是严格而苛刻的，是最高层次的个人风格。追求高雅的人需要具备强烈的性格。

具备高雅格调的人，除了需要胆识与魄力之外，还需要创新。要能展现出强烈而明确的格调，讲究如艺术品般的质地，选择精致优雅的色泽以及巧夺天工的首饰搭配。高雅实际上是技艺外在的体现方式之一，服装中相当于高级定制服的层次（图 2-10）。

图2-10　奥黛丽·赫本在电影里塑造的高雅形象

（五）优雅（elegance）

优雅是表现风度举止的一种方法，也是顺应各种不同生活状况的智慧。

大师伊夫·圣·洛朗对“优雅”做出了权威的诠释：“如果心中没有优雅，就不可以谈优雅”。

高雅强调的是高贵之感，需要一定的金钱作为后盾；优雅强调的是出色而优美的表现，几乎到了无可挑剔的境界。优雅的美需要岁月的沉淀，无论在怎样的境况下，都能镇定地展现独一无二的品质和无与伦比的言谈举止（图 2-11）。

图2-11　大师乔治·阿玛尼的优雅作品

（六）风潮（fad）

风潮意味着风靡一时的狂热流行，是服饰工业中的麻醉剂。在现代流行行业中，追赶风潮是十分冒险的行为。它往往是少数人为了宣泄某种情绪而引起的，常常形成昙花一现的结果。例如，我国 20 世纪 90 年代的踏脚裤，一时满街无论胖瘦、老少的女性都穿着这种款式，但很快就消失得无影无踪；2003 年的尖头鞋也是来了便走。

对于流行预测的工作而言，这种像风潮一样的短期流行一定要定期地加以了解与观察。

二、常见的流行风格

在流行趋势的发展中，流行风格变化迅速，各种流行风格交替出现，常见到的一些流行风格，如国际化服装、跨界合作、太空时代、迪斯科风格等。

（一）装饰派艺术（art deco）

“装饰艺术”运动在20世纪的20～30年代起源于法国巴黎的现代化工业博览会，其后在欧洲各国、美国盛行起来，迅速扩展到不同的艺术门类，包括时装、钟表、建筑、家居、首饰设计等，强调以几何及雅致的线条作为设计主线。装饰艺术在设计上采取折中主义立场，设法把豪华的、奢侈的手工制作和代表未来的工业化特征相结合。与现代主义不同的是，装饰艺术运动强调的是为上层顾客服务。从形式上看，“装饰艺术”设计运动的风格与20世纪80年代的后现代主义的风格有着内在的联系（图2-12）。

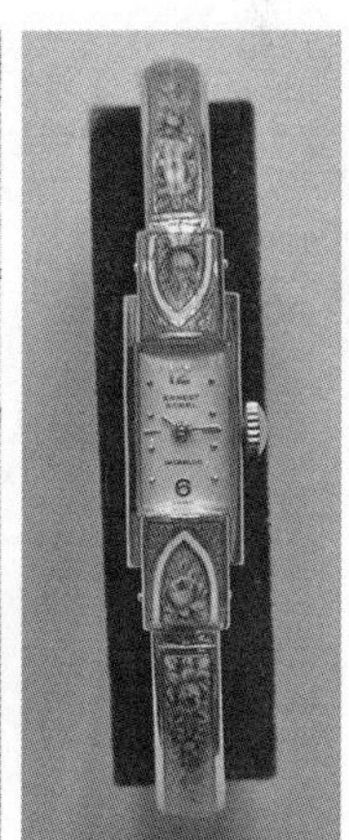

“装饰艺术”运动的风格样式

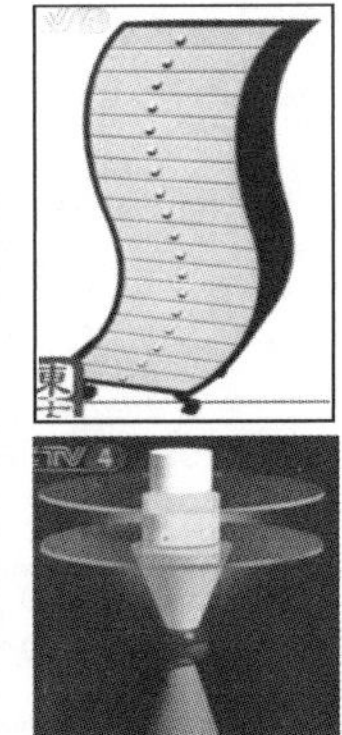

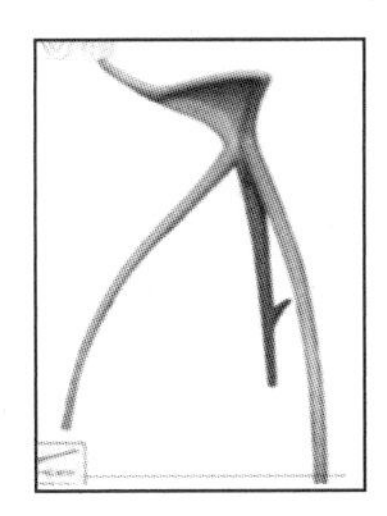

后现代主义的风格样式

图2-12 “装饰艺术”运动的风格样式与后现代主义的风格样式

（二）国际化服装（international fashion）

国际化服装是世界主流服装文化，与民族服装往往是对立的，泛指世界上大多数地区所采纳的服装，如西装、T恤、牛仔裤等。在多年前一般称其为西方时装。随着全球的国际化趋势，国际化时装所包含的层面也越来越广泛，设计中不断将传统服装的元素加以运用（图2–13）。

2007年，Giorgio Armani女装

2007年，Ralph Lauren女装

2007年，Burberry女装

图2–13　国际化服装

（三）民族风貌（ethnic look）

民族风貌是国际化服装的相对语言，泛指有民族和地域特色的服装风格，如印第安风情、印度风情等。民族风貌是传统服装与时尚潮流的奇异融合，在20世纪60～70年代，民族风貌的服装盛极一时，深受时尚人士的喜爱。之后民族风貌不断被运用，如中国风格、日本风格、印第安风格、中东风格、俄罗斯风格等（图2–14）。

（四）太空时代（space age）

太空时代是自20世纪60年代以来形成的时尚风格，它的重点之一便是运用大量的塑料和金属元素，其表达方式具有丰富的现代主义手法，如运用金属圈串联塑料珠片打造成裙子，或者使用细细的金属链子当作“纱线”编织成面料，以反映设计师对未来世界的想象。太空时代风貌在2007年夏天再度成为国际流行风格之一。近几年服装风格十分多元，20世纪60年代太空风貌混合其他元素再度演绎（图2–15）。

2008年，中国风情　　2006年，俄罗斯风情　　2007年，古印度风情

2017年，For Restless Sleepers
中国风情

2016年，Isabel Marant
印度风情

2018年，Zuhair Murad
印第安风情

2016年，Fisico
中东风情

图2-14　具有民族元素的服装

2007年，Dolce&Gabbana女装

2007年，Lanvin女装

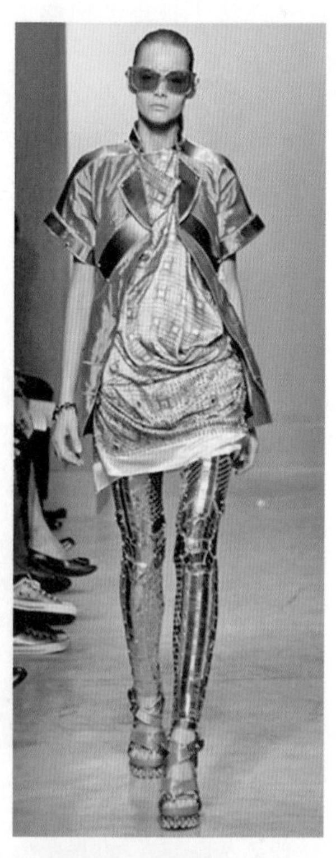

2007年，Balenciaga女装

2017年，Avtandil女装

2015年，Paco Rabanne女装

2018年，Arut Mscw女装

2017年，Keiichirosense女装

图2-15 太空风貌

（五）迪斯科风格（discotheque）

流行于20世纪70年代的迪斯科风格，在20世纪80年代被流行音乐天后麦当娜·西科尼（Madonna Ciccone）发扬光大。它与今天的街头时尚同源异流，迪斯科风格具有野性与性感的特征，贴身和皮革十分常见。典型装扮：超短的裙子和热裤紧紧包裹着身体，上身则是那种无带的上装、开胸背心或是短短的外套。金光闪闪和俗艳的色彩是这种风格的标志（图2-16）。

2006年，Diesel女装

2007年，D&G女装

2007年，Dior Homme女装

2007年，Gucci女装

2017年，Trussardi女装

2018年，Paco Rabanne女装

2018年，Custo Barcelona女装

2018年，Juicy Couture女装

图2-16 迪斯科风格

（六）跨界合作（crossover）

原意是指跨界线的合作。泛指两个不同的艺术领域，其艺术媒介能够抛弃成见、融会贯通并相互包容合作。例如，日本设计师山本耀司与运动品牌 Adidas 合作成立的 Y3 品牌；英国时装设计师斯特拉·麦卡特尼与著名运动品牌 Adidas 合作，推出的女性运动系列（图 2-17）。

Y3女装

斯特拉·麦卡特尼与Adidas 合作的女性运动系列

图2-17 跨界合作

（七）波希米亚风格（bohemia）

波希米亚为 bohemia 的译音，原意指豪放的吉卜赛人和颓废派的文化人。在近年的时装界甚至整个时尚界中，波希米亚风格代表着一种前所未有的浪漫化、民俗化、自由化。浓烈的色彩、繁复的设计，会带给人强劲的视觉冲击和神秘气氛。饰品是装饰波希米亚风格的重要手段（图 2–18）。

2007年，Roberto Cavalli女装

2006年，Gianfranco Ferre女装

2007年，Yves Saint Laurent女装

2015年，Atelier Versace女装

2017年，Temperley London女装

2017年，Etro女装

图2–18 波希米亚风格

（八）波波族（bobo）

波波族是继波希米亚风格后的热门词语，指的是那些拥有较高学历、收入丰厚、追求生活享

受、崇尚自由解放、积极进取、具有较强独立意识的一类人。由布尔乔亚（bourgeois）及波希米亚（bohemia）两词合并而成，是20世纪70年代嬉皮和20世纪80年代雅皮的现代综合版。像嬉皮那样的叛逆精神，也可以有适当的颓废，同时还有体面的工作、优越的收入和良好的品位。

波希米亚风格与波波族的精神都是强调人的艺术气质、叛逆和自由。波波族服饰风格休闲化，搭配上往往看似随意，实际上是精心挑选，常给人眼前一亮的感觉，讲究品位、欣赏独特的设计、精挑细选的质料和一丝不苟的手工艺（图2-19）。

（九）后金属时代（post-metal age）

不锈钢，有着接近镜面的光亮度，触感硬朗冰冷，符合金属时代的酷感审美。而后金属时代冲破了金属般的单调、冰冷的色泽，并具有女性化味道（图2-20）。

图2-19　波波族风格

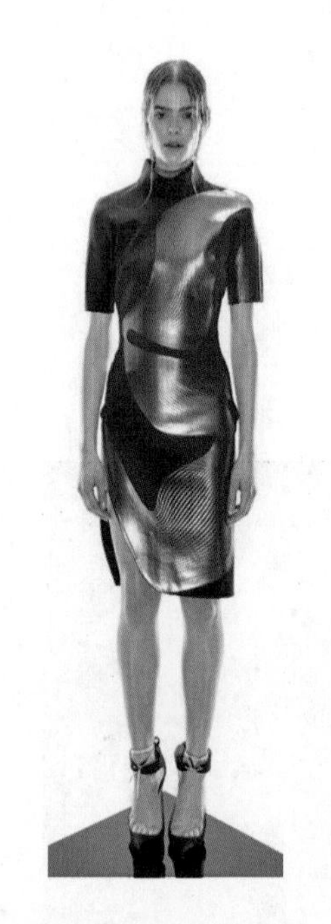

图2-20　后金属时代

第四节　流行的类型

一、按流行形成的途径分类

按流行形成的途径可以分为偶发性流行、象征性流行、引导性流行三种。

（一）偶发性流行

偶发性流行是受社会的政治、经济、文化等事件的影响而产生的流行现象，常常由突发事件或偶发事件引起。偶发性流行在我国常见于 20 世纪 80 年代，90 年代以后逐渐减少。例如，1983 年因为电视连续剧《排球女将》的播放，造成小鹿纯子式发型在全中国流行；1984 年《街上流行红裙子》的电影播映后，街头的确是红色一片，而且样式都差不多（图 2–21）。

图2–21　1984年电影《街上流行红裙子》引发的红色流行延续到冬季

（二）象征性流行

象征性流行指人们的信念、愿望通过追求以物化的形式表现，并具有某种象征意义的流行。服装具有典型的标志性意义。例如，20 世纪 80 年代人们狂热追求名牌服饰，通过名牌服饰表明自己的身份与地位；20 世纪 90 年代运动服装的流行则表明人们更加追求健康。在信息化、全球化的当代社会，服装仍然是评判一个人身份地位、品位修养的一个直观要素。象征性流行在一定的群体范围内仍然是较为普遍的流行现象（图 2–22 ～图 2–24）。

图2–22　品牌——具有时尚、品位等多重象征意义

图2–23　21世纪男士佩戴首饰是时尚的象征

图2-24　21世纪通过与众不同的搭配，表现独特的个性

（三）引导性流行

引导性流行是在人为的推动下设计、生产并投放市场，同时运用各种媒体手段，吸引人们购买使用而形成的流行。在这种流行形式中，引导者与消费者之间是一种互动关系，是现代生活最普遍的流行现象。

二、按流行周期和演变的结果分类

按流行周期和演变的结果可以分为稳定性流行、瞬间性流行、反复性流行、交替性流行四种。

（一）稳定性流行

稳定性流行是指流行的高峰期已过，但仍在一定程度上作为生活习惯或消费对象遗留下来的流行现象。演变过程大致为：发生—流行—稳定，如牛仔裤的流行（图 2-25）。

（二）瞬间性流行

瞬间性流行是指短时间的时髦现象，几乎不残留流行的痕迹。这类流行现象很多，如流行歌曲、流行游戏、流行语言等。服装流行中也常有这类流行现象，如 1992 年流行的文化衫，2001 年 APEC 会议引起当年中式对襟唐装的流行。这类流行的诱发因素大多为偶发的社会事件，流行过程大致为：发生—流行—消失（图 2-26）。

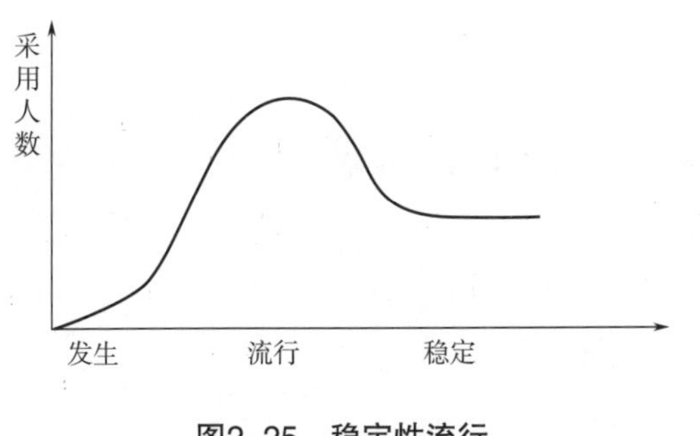

图2-25 稳定性流行

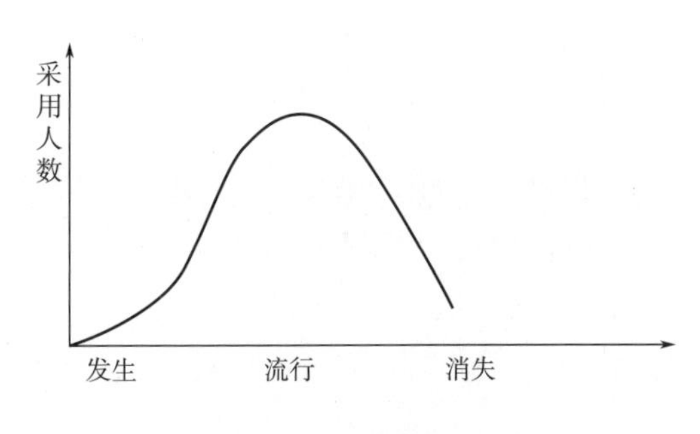

图2-26 瞬间性流行

（三）反复性流行

反复性流行是指时断时续、重复出现的流行现象。反复性流行是基于社会环境和生活意识的需要而产生的，其必要条件之一是流行间隔能产生一定的新鲜感（图2-27）。

（四）交替性流行

交替性流行是指具有较为明显周期性变化的流行现象。这种流行在服装的变化上最为明显，如裙子由长变短、由短变长，外套由宽松到紧身、由紧身到宽松。这种流行模式，是人们对于某种流行样式感到"厌倦"，这种心理状态起着重要作用（图2-28）。

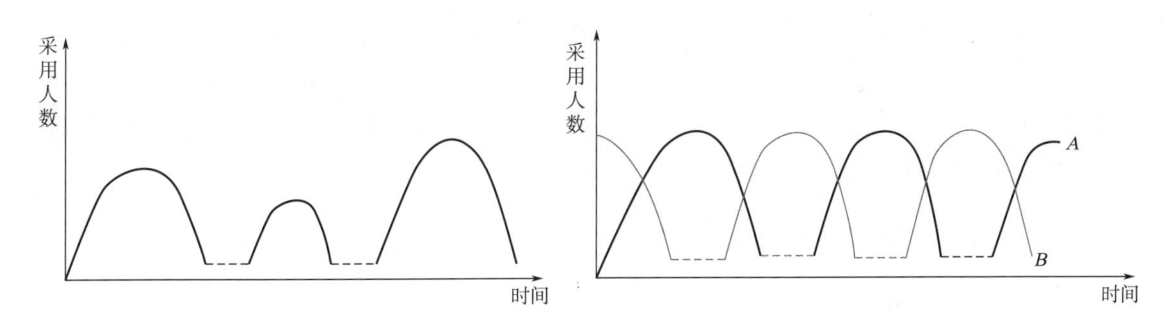

图2-27 反复性流行

图2-28 交替性流行

第五节 流行服饰的分类

一、根据服装的市场流行度分

服饰的流行不会单纯的仅流行某一款服装、某一种颜色，也不会单纯是某一类人参与流行。对于市场销售人员而言，他们更关心服饰消费者对流行趋势的认同与接受程度的问题。根据服装的流行程度可以将服装分为大众化服装、流行服装、时尚服装、前卫服装以及落伍服装。

（一）通俗的大众化服装

通俗的大众化服装是指在一定时期内具有一定稳定性的主流服装。包括大家熟悉的经典款式与造型，适度采用流行趋势的元素，有的款式会因往季的销售量直接进入新的季节，如衬衫、T恤、西裤等。这些服装从设计、销售到购买各方面都不会引起争议，穿着舒适大方、价格稳定、投资安全，是市场占有率最高的流行服装类别。

（二）少量创新的流行服装

少量创新的流行服装是指在主流风格中加入一些细节、色彩、材质或外形的变化，便可以创作出流行服装。这种带有少量新元素的畅销服装，占据着大部分的流行市场，对于往季的服装风格具有相当高的连续性。

这类服装一般每次加入一个创新元素，便可成为新一季的畅销产品。若服装外形新颖，就必须保持稳定的色彩与面料；若色彩是前所未有的，就要采用基本的外形和面料；若创新的部分是面料，就应该用大家熟悉的款式和色彩。大部分流行的追随者都需要这种适度的刺激，追求创新但不冒险，能赶上流行潮流的同时价格适当。

（三）带有多种新元素的时尚服装

时尚服装带有多种创新元素，混合了多种风格，一般处于流行发展期的上升阶段。

追求时尚的人群虽然不惊世骇俗，但对于个性的需求却是强烈的。他们通常希望自己看上去与众不同，却没有突兀感。这一部分群体是少数分子，一般懂得享受生活，讲究品位，容易被新的发明与创新所吸引，愿意尝试新鲜事物。购买服装时价格不是主要问题，喜欢在专门商店和精品店购买，会同时购买知名和不知名的设计师作品。

（四）完全创新的前卫时髦服装

前卫时髦服装的设计关键在于创新，前卫服装的消费者的装扮在于达到引起震惊、吸引注意力、打破传统与惯有模式的目的。他们的流行理念奇妙、诡异、怪诞甚至疯狂，带有无边无际的幻想特质。

在某个时间段里显得前卫荒诞的东西，往往会带来某种独具内涵的流行趋势，并随着时间的推移，过几年或许成为时尚，甚至成为大众流行。例如，诞生于20世纪60年代的嬉皮风格与70年代的朋克风格，分别在20世纪70年代和80年代被设计师采用，在流行界中引起轩然大波。由反传统的少数年轻人创造的街头风格在当时是反传统的、前卫的，而在今天，已成为设计师们经常被采纳的典型设计风格，可以狂野也可以含蓄。

勇于尝试前卫服装的毕竟是少数人群，并且往往是年轻人，他们有着无穷的想象力，着迷于各种未曾尝试的流行趋势。设计师要经常从这些活跃的街头青年身上汲取创作灵感，在自己的作品中加入一些幻想成分，以保持在时装领域的活跃。

（五）落伍服装

落伍服装没有任何流行要素，但仍有市场需求，早已退出流行的范畴，仅用于满足人们的基本需求，如蔽体、保暖等，而不是表达流行。由于消费者的经济能力有限，对流行没有要求，甚至对外形完全没有要求，市场价位低廉，所以具有相当的市场份额。大部分低收入、对流行无需求的人群会购买这类产品。

二、根据服装档次分

根据服装的设计以及面料、工艺质量来确定服装档次，可以分为高级女装、高级成衣、品牌成衣与大众成衣。

三、不同档次服装的流行程度

不同档次的服装在开发新一季产品时，会按比例设计不同流行程度的服装（表2-1）。高级成衣的发布会与市场将要售卖的款式有很高的契合度，一般品牌成衣与大众成衣在订货会时也采用时装发布会的形式。而只有高级女装的发布会是以达到新异、轰动效果为目的，而不是为了售卖。许多高级女装在发布会上为了追求舞台效果，会加入一些超前新异的元素和采用十分夸张的手法。

表2-1　不同档次的服装比较

档次	生产方式	价格（元）	服装类型	主要消费群体
高级女装	针对个人设计 立体裁剪 专用材料 工艺细致	昂贵 低价位：十万以上 高价位：数百万	前卫、时尚、传统	全球约有2000人，皇室成员、富商、顶级明星等
高级成衣	定制批量面料 立体裁剪、平面裁剪 小批量 工艺细致	几千至几万	时尚、经典	社会名流、富有中产阶层、高级白领、时尚精英等
品牌成衣	购买批量面料 平面裁剪 小批量 适当的工艺	200 ~ 2000	前卫、时尚、经典	普通白领、收入较高的工薪阶层等
大众成衣	购买大批量面料或廉价面料 平面裁剪 大批量 适当的或一般的工艺	30 ~ 500	时尚、传统、落伍	普通工薪阶层、普通大众等

（一）高级女装

高级女装属于服装中的艺术品。由于价格昂贵，其主要消费者一般都是极其富有的女性，包括富商、皇室人员、顶级明星，目前全球大约有两千多人。由于设计可以不受约束地进行种种实验与探索，因此高级女装的发布往往传达出许多创新构思，无论夸张有趣，还是极尽奢华，都有可能成为新的流行趋势。高级女装在流行市场中主要起到保证品牌价值，同时具有强烈的媒体宣传效应，所以采用的设计常常是传统与现代并存，既有前卫时髦的，也有传统经典的。典型品牌有法国的 Dior、Givenchy，意大利的 Giorgio Armani 等（图 2–29）。

（二）高级成衣

高级女装品牌一般都设有该品牌高级成衣系列。高级成衣垄断的面料与小批量的制作保留了高级女装的某些创新元素，更加贴近生活的款式与细节也更容易被模仿。因此，在流行的传播过程中，高级成衣有着巨大的推动作用。高级成衣的销售额是衡量其是否成功的重要指标，所以高级成衣多采用时尚或经典的设计，既不过分前卫，也不滞后。例如，意大利的 Prada、Fendi，英国的 Burberry，美国的 CK 等。主要消费对象是社会名流、富有中产阶层、高级白领等。一些高级成衣品牌还开发了二线品牌、三线品牌，主要是面向有强烈时尚需求的年轻消费群体（图 2–30）。

（三）品牌成衣

品牌成衣紧跟在高级成衣的后面，积极研究与追踪最新的流行趋势，常采用时尚与流行的设计。由于其合理的价格与适当的流行度，是目前我国表达时尚的主要力量。品牌成衣主要包括有自己设计风格和产品定位明确的品牌以及一些个人设计师所设计的个性化服装，其生产方式与价格介于高级成衣与大众成衣之间。一些时装品牌向高端靠近，同样提供定制服装，如中国香港设计师张路路、郑兆良等。内地同样有设计师或品牌提供定制类服装，比较集中于北京、上海两地（图 2–31）。因此，根据品牌的定位不同还可以细分为不同档次。品牌成衣的范围较为广泛，也包括零售品牌的大众流行时装，主要消费对象是普通白领、收入较高的工薪阶层（图 2–32）。

（四）大众成衣

大众成衣是工业化生产的结果，符合大众的经济能力，采用一般的面料，大批量生产，以模仿为主要特征。为了满足普通大众的不同口味，设计风格多样化。前卫的部分模仿高级女装，时尚经典的部分模仿高级成衣，包括大众休闲品牌服装、批发市场的各类服装等，主要消费对象是普通大众（图 2–33）。

Dior女装　　Armani Privé女装　　Christian Lacroix女装

Jean Paul Gaultier女装　　Givenchy女装　　Chanel女装

图2-29　高级时装展示

Dior女装　　Louis Vuitton女装　　Burberry女装

Fendi女装　　Calvin Klein女装　　Marc Jacobs女装　　Prada女装

图2–30　高级成衣展示

王培沂（Alex Wang）作品

陈平作品（Pari Chen及Zeerleen品牌）

图2–31

王巍作品（WangWei Gallery品牌）

图2-31　中国设计师品牌

2018年，H&M女装

2018年，VERO MODA女装

2018年，例外女装

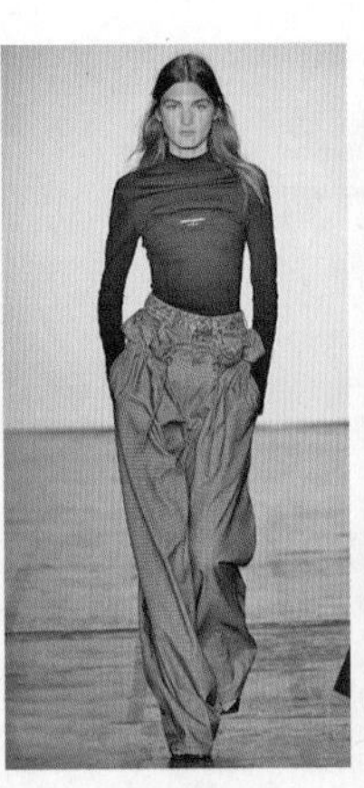

2019年，江南布衣女装

2018年，河流的牙齿男装

图2-32　品牌成衣展示

图2-33　大众化成衣

本章练习

流行风格训练：寻找一种服饰风格，运用图片、关键词进行描述，格式为 JPG 文件。参照图 2–34 ~ 图 2–37 练习图例。

WGSN资料

图2–34　作业参考1

作者：喻慧敏

图2–35　作业参考2

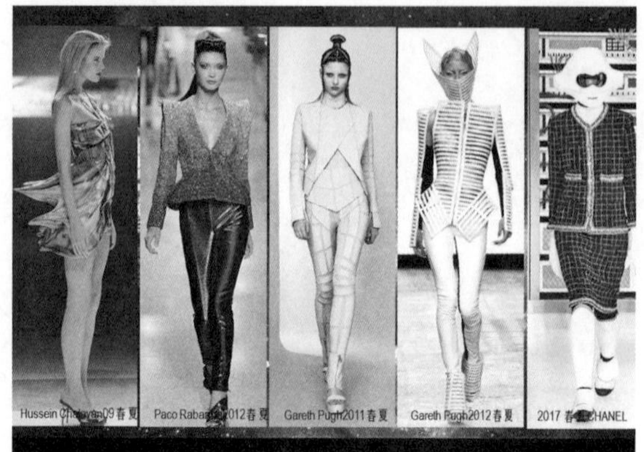

作者：吴佳莉

图2-36 作业参考3

超现实主义

以所谓“超现实”、“超理智”的梦境、幻觉等作为艺术创作的源泉，例如2017春夏Hood By Air继续推进超现实主义，秉承解构主义，为T台时尚注入更多的青年禁忌文化。

作者：屈淑婷

图2-37 作业参考4

应用与实践

第三章 服装流行趋势预测

课题时间：12课时

训练目的：让学生了解并掌握流行趋势预测的内容，掌握流行趋势预测的形式。

教学方式：由教师结合最新媒体资料讲解。

教学要求：1. 让学生掌握流行趋势预测的概念。

2. 让学生掌握流行趋势预测的内容与发布形式。

3. 让学生通过色彩主题的表达进行实践操作，理解如何进行流行趋势的发布。

4. 教师对学生的练习进行讲评。

作业布置：1. 按色彩、材料、款式分类收集近几季国内外流行趋势的发布资料。

2. 色彩及款式主题趋势的练习（要求包括主题名称、主题故事叙述、主题画面、色卡、款式与款式细节、款式描述与关键词）。

第一节 服装流行趋势预测的概念与目的

一、服装流行趋势预测的概念

流行预测（fashion forecasting）是指在特定的时间，根据过去的经验，对市场、社会经济以及整体环境因素所做出的专业评估，以推测可能出现的流行趋势活动。

服装流行是在一定的空间和时间内形成的新兴服装的穿着潮流，它不仅反映了相当数量人们的意愿和行为，还体现了整个时代的精神风貌。服装流行趋势预测就是以一定的形式显现未来某个时期的服装流行的概念、特征与样式，服装流行的概念、特征与样式也就是服装流行趋势的预测目标。

二、服装流行趋势预测的目的

现代服装的更新周期越来越短，衣着流行化成为消费社会里品牌成衣的一个重要特征，而当今服装流行趋势越来越显现出模糊性、多元性的特点，使趋势预测越发重要。通过对流行趋势的预测，可以了解在下一个季节或更长一些时候将会发生什么变化以及目前的哪些事件可以对将来产生重大的影响。

因此，世界各发达国家都非常重视对服装流行及其预测的研究，并定期发布服装流行趋势，用于指导生产和消费成为服装发达国家与地区的共同举措。

通过服装流行趋势的预测与发布，人们客观地对服装流行的往复性和创新性、新的社会思潮进行整理和归纳，有效地捕捉到服装流行的方向。同时，通过对服装流行预测的权威发布，也有效地控制了一定社会范围内穿着方式的形态与风貌。

流行趋势的预测和发布也可以大大缩减成衣品牌研发的生产成本，控制品牌发展的节奏，从而推动品牌的战略性发展。

第二节 服装流行趋势预测的类型

流行趋势预测是捕获正在被开发的产品的最新发展方向，所以对预测符合未来美学需要的产品系统的分析是有时间限制的。一般情况下，按照流行的时间与内容来划分流行预测的类型。

一、按时间划分

一般情况下，按时间将流行预测划分为长期预测与短期预测。

（一）长期预测

长期预测是指历时两年或更长时间所做出的流行预测，主要集中表现在：为了建立一个长期目标而做的预测，如风格、市场和销售策略；集中预测那些具有选择性的变化因素。

色彩预测通常提前两年，事实上更早一些时候各国流行色的预测机构便开始搜寻资料准备色彩提案了，以便在国际色彩会议上讨论。品牌作为战略是为了树立某种风格，因而从设计到推广都需要全盘考虑。

（二）短期预测

短期预测是指历时从几个月到两年的时间所做出的流行预测，主要集中表现在：寻找识别特殊的风格，这些风格所要求的层次，这些风格能被消费者期望的精确时间。

纤维和织物的预测至少提前12个月，通常差不多是两年的趋势。成衣生产商的预测通常是提前6 ~ 12个月，他们的预测很关键，因为它是选择服装风格进行生产和促进下一个季节流行的基础。零售商的预测通常是提前3 ~ 6个月，集中于即将到来的流行季节。应用这些预测买方将计划出他们所需购买的商品风格、颜色与款式等。

二、按内容划分

按照流行的内容可以将流行预测划分为色彩预测、纤维与面料预测、款式预测和综合预测等。

第三节　流行预测的内容

流行预测的内容主要包括色彩、面料、款式、零售业的预测。提前24个月国际色彩会议通过讨论确定色彩提案，相关企业如染料商会较早得到信息而投入生产，半年以后色彩提案公布，纤维和面料的展览也开始了，这时流行预测便开始与服装结合并向前推进。

一、色彩预测

（一）流行色的概念

流行色（fashion colour）是相对“常用色”而言的，是指在一定的社会范围内，一段时间内广泛流传的带有倾向性的色彩。这种色彩，往往是以若干个组群的形式呈现的，不同类型的消费者会在其中选择某一组色彩。

流行色具有新颖、时髦、变化快等特点，对消费市场起着一定的主导作用。流行色有时以单一色彩出现，有时以充当主色出现，有时以构成色彩气氛（即色调）出现，表现形式变化多样。

如果一种新色调因当地人们接受而风行起来，就可以称之为地区性流行色；如果这种新色调得到国际流行色委员会的一致通过，并向世界发布，这就是国际流行色。

（二）流行色的特征

流行色是一个过程性很强的色彩现象，其特征主要表现在三个方面：时间性、空间性、规律性（循环性）。

1. 时间性

时间性是流行色的重要概念，它是呈现流行色的基础。流行色不是恒久的色彩，它具有一种动态的、暂时的、流变的属性。虽然它只属于某一段历史时期，但在属于它的历史时期中却占据极其重要的地位，离开了特定的时期，它所具有的特殊价值就逐渐消失了。

2. 空间性

空间性是指流行色的地域性。地域性的概念表明所谓的流行色不是全方位遍布，而是一种在特定地区内适应当前社会人群状况的色彩。因为在流行色传播的地区，必须与当前该地区消费群体的审美期望相联系，同时还要与这个地区的民族、文化发生关系。而每一个国家、民族由于经济发展水平的不同，习俗、文化、历史的差异性等，在流行状态上也会有所差异。即便是同一个色相在同一个时期的不同国家，或者在不同地区的市场，反应也不会完全一致，因此它必然要做适度的变化。例如，美国人性情豪放、崇尚自由，流行色的纯度就偏高；法国人比较细腻，流行的颜色往往都带有微小的灰色调。除了文化环境差异外，色彩还存在地区的背景颜色、日照强度等差异，这些因素都将导致色彩发生变化。

3. 规律性

流行色与所有的事物一样，也有萌芽期、盛行期和衰退期。至于流行色的周期长度，则因时、因色、因市场及其环境而定。不仅如此，同一时期流行的若干色彩，各自的周期也不尽相同。流行色的变化一般都遵循：明色调—暗色调—明色调，或是暖色调—冷色调—暖色调的规律。

（三）流行色预测的依据

事物的流行都有其发生的原因，进行流行色的预测也不是凭空臆想的。在社会调查的基础上，依据观察者自身的专业知识与生活经验，并结合以往一定的规律做出判断。

流行色本身就是一种社会现象。研究并分析社会各阶层的喜好倾向、心理状态、传统基础和社会发展趋势，都是预测和发布的重要基础。流行色不是全社会民众的喜好色。在现实社会中，消费者总是由不同年龄、不同性别、不同行业的人组成。每一个年龄、每一种性格类型、每一个审美类型的人群都有自己喜好的流行色。因此，流行色必须根据消费者的类型特点来进行研究与推广。

生活不断为人们提供新的创意。人们生活在色彩的世界里，自然环境与传统文化赋予了色彩相当多的感性特征，如玻璃色、水色、大理石色、烟灰色、薄荷色、唐三彩色等。流行预测人员要不断观察生活、体会生活，如选定一个色彩感受浓郁的地区作为人文色彩的考察和综合分析的对象。采用的方法可以有多种：写生、速写记录、色谱求取、测色记录以及摄影或摄像。主要记录特定环境的色调、色彩的配置方式以及色彩主观感受的表达。其目的是为了了解该地区人文色彩存在的方式和特质，为色彩表现积累经验。

流行色有一定的演变规律。日本流行色研究专家根据美国的海巴·比伦的精神物理学研究，发现了流行色规律，即红与蓝同时流行约三年，然后转变为绿与橙又流行了三年，中间约经过一年时间的过渡。一般流行色的演变周期为 5 ~ 7 年，包括始发期、上升期、高潮期和消退期四个时期，其中高潮期称为黄金销售期，一般为 1 ~ 2 年。进入 21 世纪，随着信息流通技术的加快和人们生活节奏的变化，这个时间规律有缩短的趋势。

从演变规律看，流行色在发展过程中有三种趋向：延续性、突变性、周期性。

1. **延续性**

延续性是指流行色在一种色相的基调上或同类色范围发生明度、纯度的变化。例如，1998 ~ 2001 年，绿色都在流行色之列，但从明度上有变化，即由较暗的军绿逐渐演变为明亮的黄绿；2002 ~ 2005 年，蓝色调到绿松石色调的流行过渡经过了墨水蓝、湖蓝、蓝绿等。

2. **突变性**

突变性是指一种流行的颜色向它相反的颜色方向发展。例如，21 世纪初白色一直是上升色彩，而在“9·11”事件之后黑色成为下一季秋冬的重要颜色。

3. **周期性**

周期性是指某种色彩每隔一定时间段又重新流行。

可将色彩趋势发布做一个分析，并用白色系列和蓝黄系列这两组色彩举例说明（图 3–1、图 3–2）。

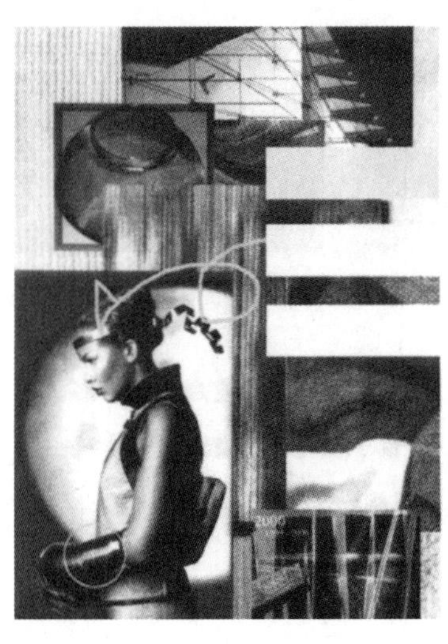

机构发布1998年的流行色是闪光金属感的白色。它是一种冷白调，这种白作为始发期的萌芽，主要是人们对科技理解后而出现的一种流行预感

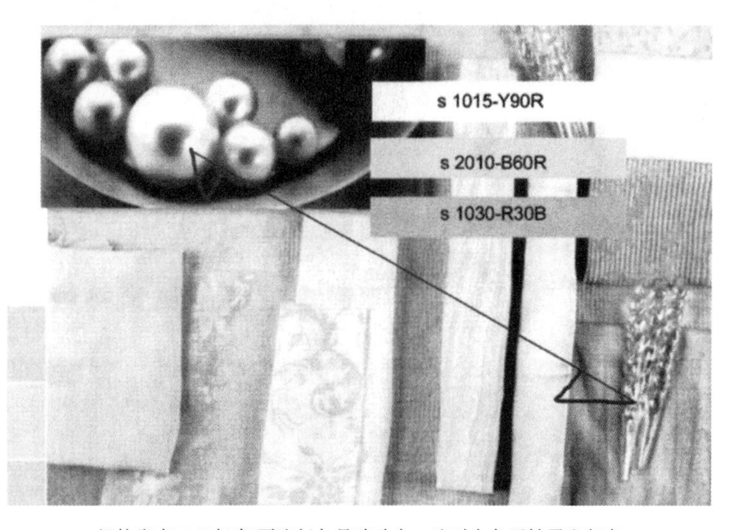

机构发布1999年春/夏流行色是珍珠白，这时白色开始柔和起来

图3–1

机构发布2000年春/夏流行色是鱼肚白（黎明白色），而这种鱼肚白则是人们对21世纪的希望，也是人们对21世纪第一缕曙光的渴望

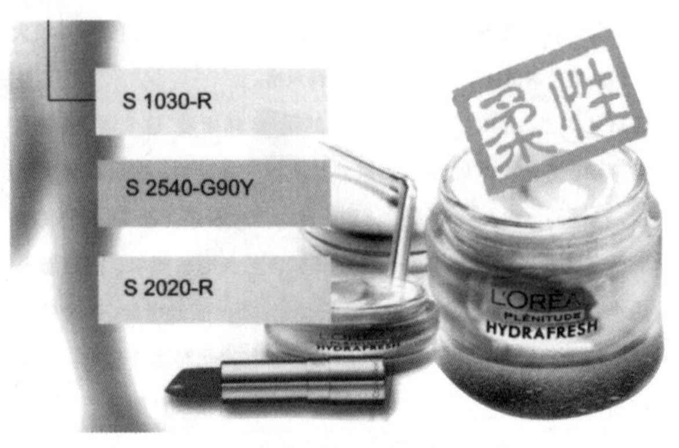

机构发布2001年春/夏流行色是膏脂白与亚光白，这是一种非常柔和的白色，也是舒适的自然白，有一点淡淡香味。它们是进入21世纪门槛兴奋后余留下的一点点甜香

图3-1　1998～2001年白色系列的变化

机构发布1998年闪光金属感白色的同时，也推出了蓝色系列，成为一种始发状态的颜色

机构发布1999年秋/冬流行色，1998年发布的蓝色系列已进入高潮期，而蓝绿色处于预示期且呈发展上升的状态，黄绿色系列（咸菜绿、芥末绿）成为始发色

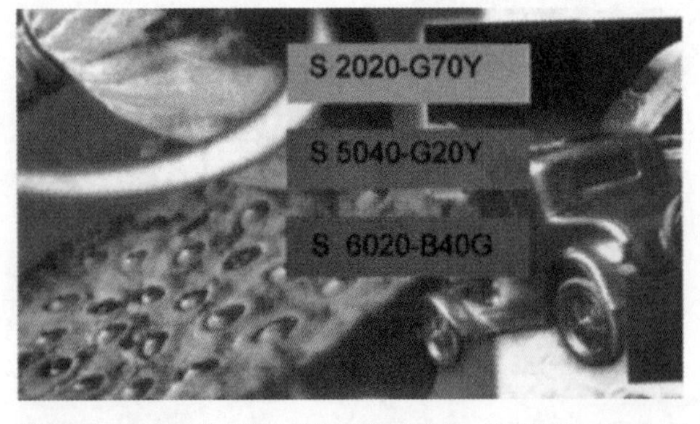

机构发布2000年秋/冬流行色的主色彩是橙黄色，这时黄绿色成为上升期，而橙黄色成为始发色

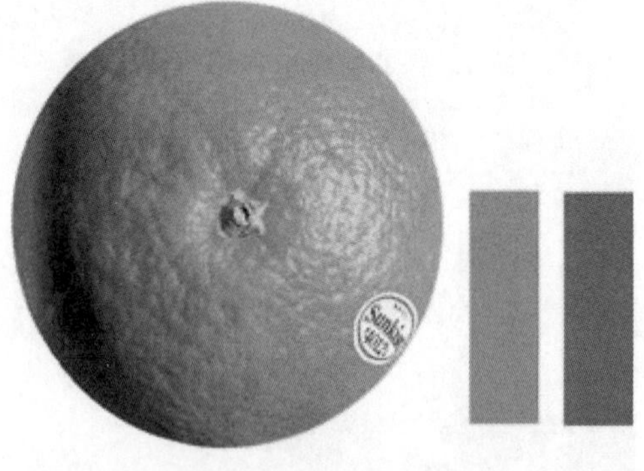

机构发布2001年秋/冬流行色的主色彩是香料黄、烟叶黄，这时的橙黄色已发展成为上升期，而黄绿色系列（咸菜绿、芥末绿）已成为流行色

图3-2　1998～2001年蓝黄系列的变化

（四）流行色预测的方式

目前，国际上对服装流行色的预测方式大致分为两类：一是以西欧为代表的，建立在色彩经验基础之上的直觉预测；二是以日本为代表的，建立在市场调研量化分析基础之上的市场统计趋势预测。

1. **直觉预测**

直觉预测是建立在消费者欲求和个人喜好的基础之上，凭专家的直觉，对过去和现在发生的事进行综合分析、判断，将理性与感性的情感体验和日常对美的意识加以结合，最终预测出流行色彩。这种预测方法要求预测者有极强的对客观市场趋势的洞察力。

直觉预测对色彩预测专家的选择有着严格的要求。首先，参加预测的人员应是多年参与流行色预测的专家，积累着丰富的预测经验、有较强的直觉判断力；其次，这些人员应该在色彩方面训练有素，有较高的配色水平和广泛的修养，并掌握较多的信息资料。即使如此，预测也不能仅靠个人力量，而是将预测工作交给具有上述条件的一批人来完成。西欧国家的一些专家是直觉预测的主要代表，特别是法国和德国的专家，一直是国际流行色界的先驱。他们对西欧市场和艺术有着丰富的感受，以个人才华、经验与创造力设计出代表国际潮流的色彩构图，他们的直觉和灵感非常容易得到其他代表的赞同。

2. **市场调查预测**

市场调查预测是一种广泛调查市场，分析消费层次，进行科学统计的测算方法。日本和美国是这种预测方式的代表国家。

日本人始终将市场放在首位，在注重市场数据的分析、调查、统计的同时，研究消费者的心理变化、喜好和潜在的需求，利用计算机处理量化统计数据，并依据色彩规律和消费者的动向来预测下一季的色彩。

美国人则更加关注流行色预测的商业性，他们主要搜集欧洲地区的服装流行色信息和美国国内的服装市场消费信息，利用流行传播理论的下传模式，通过不同层次消费者对时尚信息获取的时间差进行调查、预测，使服装上市时基本与消费者的需求相吻合；同时，还以电话跟踪的方式调查、了解消费者的态度，使消费者的反馈成为预测依据。

目前，我国也十分重视流行色预测，各地纷纷建立了研究机构，许多研究者都在探讨如何准确地预测流行色的变化规律。中国流行色协会是在借鉴国外同行的工作经验的基础上逐步发展的。在服装流行色的预测上，一方面，采用了欧洲专家们的定性分析方法，观察国内外流行色的发展状况；另一方面，根据市场调查取得大量的市场资料并进行分析和筛选，在分析过程中还加入了社会、文化、经济的因素。随着经验的积累，色彩预测信息正日趋符合我国国情。流行色协会下设有调研部，对市场变化也有相应的记录，但由于我国复杂的客观环境，如幅员辽阔、文化差异、经济发展不均衡等因素都制约了流行色研究和预测的发展。

（五）流行色组织

1. 国际流行色委员会

国际流行色委员会是国际色彩趋势方面的领导机构，也是目前影响世界服装与纺织面料流行颜色的权威机构，拥有组织庞大的研究和发布流行色的团体，全称为国际时装与纺织品流行色委员会（International Commission for Color in Fashion and Textiles，简称 Inter Color）。

国际流行色委员会的总部设在巴黎，发起国有法国、德国、日本，成立于 1963 年 9 月 9 日。国际流行色委员会设正式会员与合作会员（观察员）。到目前为止，正式会员来自法国、德国、意大利、英国、西班牙、葡萄牙、荷兰、芬兰、奥地利、瑞士、匈牙利、捷克、罗马尼亚、土耳其、日本、中国、韩国、哥伦比亚、保加利亚 19 个国家，见表 3–1。

表3–1　国际流行色协会部分正式成员国

成员国	成员国流行色组织名称
法国	法兰西流行色委员会、法兰西时装工业协调委员会
德国	德意志时装研究所
日本	日本流行色协会
意大利	意大利时装中心
英国	不列颠纺织品流行色集团
西班牙	西班牙时装研究所
荷兰	荷兰时装研究所
芬兰	芬兰纺织整理工程协会
奥地利	奥地利时装中心
瑞士	瑞士纺织时装协会
匈牙利	匈牙利时装研究所
捷克	U.B.O.K
罗马尼亚	罗马尼亚轻工产品美术中心
中国	中国流行色协会
韩国	韩国流行色中心
保加利亚	保加利亚时装及商品情报中心

2. 中国流行色协会

中国流行色组织是中国流行色协会（China Fashion & Color Association，简称 CFCA）。1982 年 2 月 15 日在上海成立了中国丝绸流行色协会，1983 年 2 月代表中国加入国际流行色委员会，1985 年 10 月 1 日改名为中国流行色协会。中国流行色协会第六次代表大会决议指出：中国流行色协会秘书处自 2002 年 1 月 1 日起从上海迁至北京，并依托中国纺织信息中心、国家纺织产品开发中心开展工作。

中国流行色组织是由全国从事流行色研究、预测、设计、应用等机构和人员组成的法人社会团体，作为中国科学技术协会直属的全国性协会，挂靠中国纺织工业协会。协会设有专家委员会、组织部、调研部、学术部、市场部、设计工作室、对外联络部、流行色杂志社和上海代表处以及四个专业委员会，现有常务理事 49 名，理事 192 名，来自全国纺织、服装、化工、轻工、建筑等不同行业的企业、大专院校、科研院所和中介机构等。

协会定位是中国色彩事业建设的主要力量和时尚前沿指导机构，业务主旨为时尚、设计、色彩，服务领域涉及纺织、服装、家居、装饰、工业产品、汽车、建筑与环境色彩、涂料及化妆品、美术、影视、动画、新媒体艺术等相关行业。并与众多海外同行机构相互合作[1]。

3. 其他国际性研究、发布流行色的组织和机构

（1）《国际色彩权威》杂志（*International Color Authority*）：简称“ICA”。该杂志由美国的《美国纺织》、英国的《英国纺织》和荷兰的《国际纺织》联合研究出版。经过专家们反复讨论，提前 21 个月发布春夏及秋冬色彩预报，分为男装色、女装色、便服色和家具色四组色彩预报。

（2）国际羊毛局（International Wool Secretariat）：简称“IWS”。国际羊毛局男装部设在英国伦敦，女装部设在法国巴黎。总部与国际流行色协会联合推出适用于毛纺织产品及服装的色卡。

（3）国际棉业协会（International Institute For Cotton）：简称“IIC”。该协会与国际流行色协会联系，专门研究和发布适用于棉织物的流行色。

（4）德国法兰克福（Interstoff）国际衣料博览会：该博览会每年举行两次，发布的流行色卡有一定的特色，并且与国际流行色协会所预测的色彩趋向基本一致。

另外，还有一些世界级的实力大公司也发布流行色。例如，美国杜邦公司（Dupont）、法国拜耳（Bayer）、奥地利兰精公司（Lenzing）、英国阿考迪斯公司（Acordis）、美国棉花公司（Cotton Incorporated）、德国赫斯特公司（Hearst）等。

（六）国际流行色预测过程

国际流行色协会每年 6 月和 12 月定期召开两次国际会议，来自各个会员国的色彩专家代表会根据各国国情并结合市场和产品，在分析探讨各会员国提交的色彩提案的基础上，经过综合整理研究预测 24 个月以后国际色彩趋势的走向。

会议首先是要归纳与综合各成员国对未来一定时期的流行色预测提案，提出本届国际流行色主导趋势的理论依据，然后选定未来一定时期内流行色的主导概念的色谱。各成员国专家们到会时要向大会展示本国流行色协会专家组对未来流行色发展趋势的预测提案。这个预测提案包括三项内容：概念版、流行色文案和流行色色样。

概念版包括三个方面：一是本届流行色的主题，用以理解色彩的概念；二是流行色的灵感来源，指明流行色形象感受的大趋势以及形象源，用于理解本届流行色形成的成因和灵感来源；三是流行色的家族组成及其色谱，用于表明具体的色谱形态等内容。

[1] 主要海外合作机构：国际流行色委员会、国际颜色学会、欧洲色彩学会、亚洲色彩联合会、英国 GCR 公司、美国 PANTONE、韩国流行色中心、韩国设计文化协会、韩国纺织设计协会、日本流行色协会与日本色彩研究所。

流行色文案内容包括两个方面：一是本届流行色形成的背景，即所在国的政治、经济、文化形势以及时尚发展的基本形态、市场变化概况等原因对人们色彩审美的影响；二是流行色色谱的构成形式以及配色的概念与基本配色方法的理论。

流行色色样是每个成员国提供的概念版上的所有色谱实材色样，这些色样是成员国专家们认为的在未来时期内将成为时尚的流行色色谱。

具体步骤：首先，由各国代表介绍本国推出的今后24个月的流行色概念并展示色卡；其次，由本届协会的常务理事会成员国（意大利、法国、英国、荷兰、奥地利等）根据代表介绍的要点讨论本届会议的各国的提案精神，确定本届流行色选定的色谱方法与方案蓝本，经过全体讨论，各国代表再加以补充、调整，推荐出的色彩只要半数以上的代表通过就能入选；最后，对色彩进行分组、排列，经过反复研究与磋商，由常务理事会中特别有经验的专家整合各方方案，排出大家公认的定案色谱系统，产生新的国际流行色（图3–3、图3–4）。

图3–3 2017年6月国际色彩会议上专家讨论各国2019春/夏色彩提案

为保证流行色发布的正确性，大会通常当场施行各会员国代表分发的新标准色卡，供回国后复制、使用。会员国享有获得一手资料的优先权，限定在半年内将该色卡在图书、杂志上公开发表。

组委会工作人员将专家们选定的色样制作成由染色纤维精制的本届流行色概念色谱定案的标准色卡，并分发给各个成员国的流行色协会。各国流行色协会便迅速地将其复制成专门的色卡，传送到各方面的有关用户手中。如图3–5 ~ 图3–8所示为2019/2020秋/冬季各国色彩提案以及最后的国际流行色定案和定案色卡。

2019/2020秋/冬的国际流行色彩主题是“和谐与嘈杂”，整体倾暖，强调冷暖色调的搭配。这个主题很好地体现出色彩的“两条线”并行发展的内涵。鲜艳色与中性色的纠缠、混合持续了很长时间，色彩在新一轮周期中更倾向于回到较为单一的发展中。本季色彩最重要的关键词是“混合”，不仅是“两条线”的纠缠，还是意向的混合，在混合中找到新鲜的色彩和新鲜的色彩关系及其意象。

图3-4　2017年6月国际色彩会议上专家排列、调整2019春/夏国际色彩提案

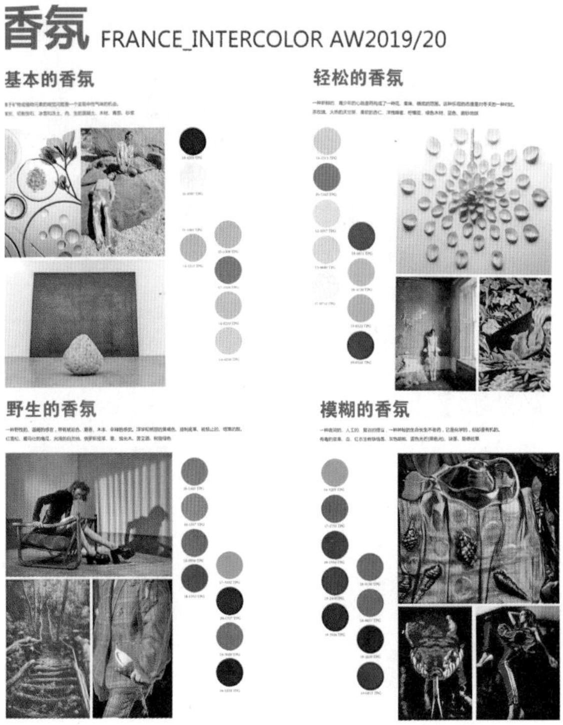

香氛 FRANCE_INTERCOLOR AW2019/20

基本的香氛

轻松的香氛

野生的香氛

模糊的香氛

图3-5　2019/2020年秋/冬法国流行色提案

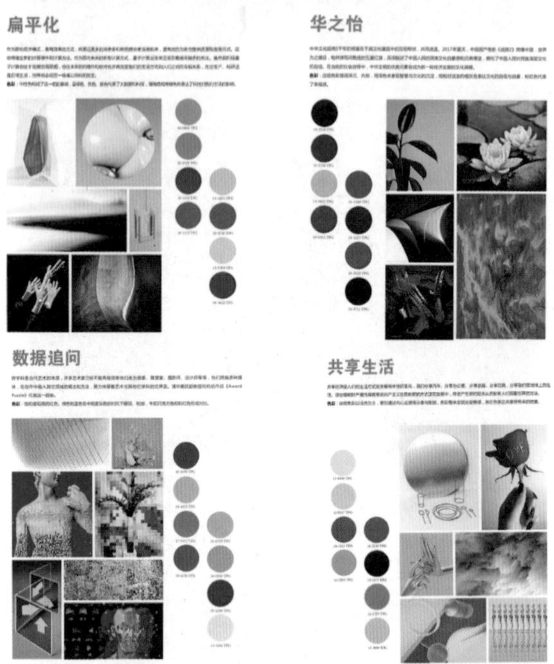

图3-6　2019/2020年秋/冬中国流行色提案

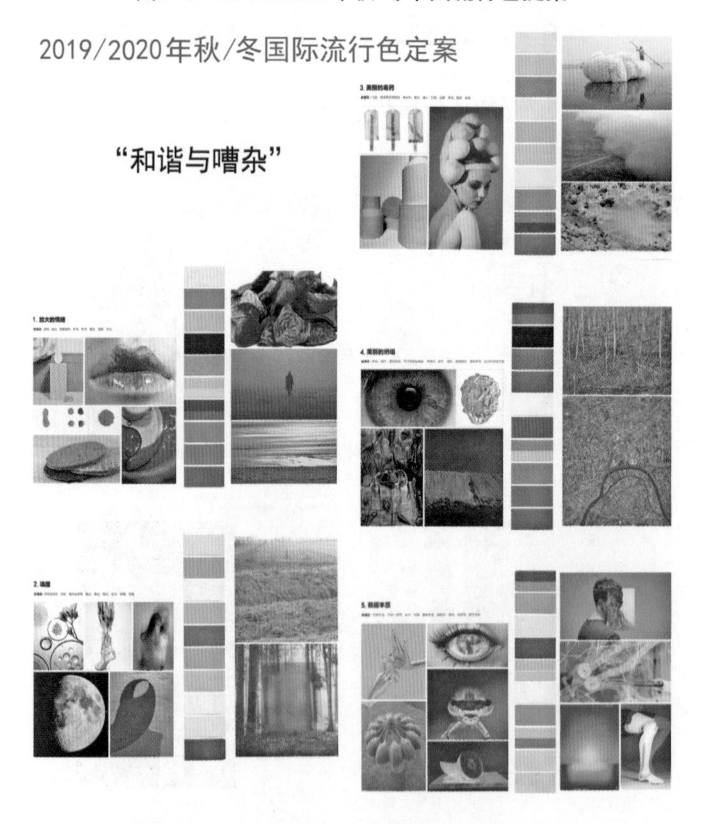

图3-7　2019/2020年秋/冬国际流行色定案

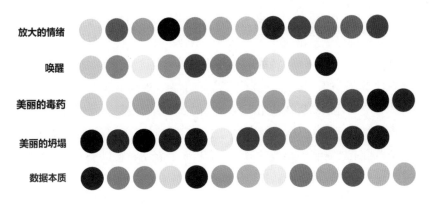

图3-8 2019/2020年秋/冬国际流行色定案色卡

每次召开国际会议后，中国流行色协会都将出版专业《国际色彩报告》，为企业的新品开发提供创新灵感。《国际色彩报告》是国内唯一具有权威性的国际色彩流行趋势报告，全年出版两册，“报告”内容包括各主要成员国流行色趋势提案以及国际流行色委员会的最终定案。同时“报告”还提供 CNCS 实版色卡以及“色彩趋势配色应用案例”。（图 3-9）

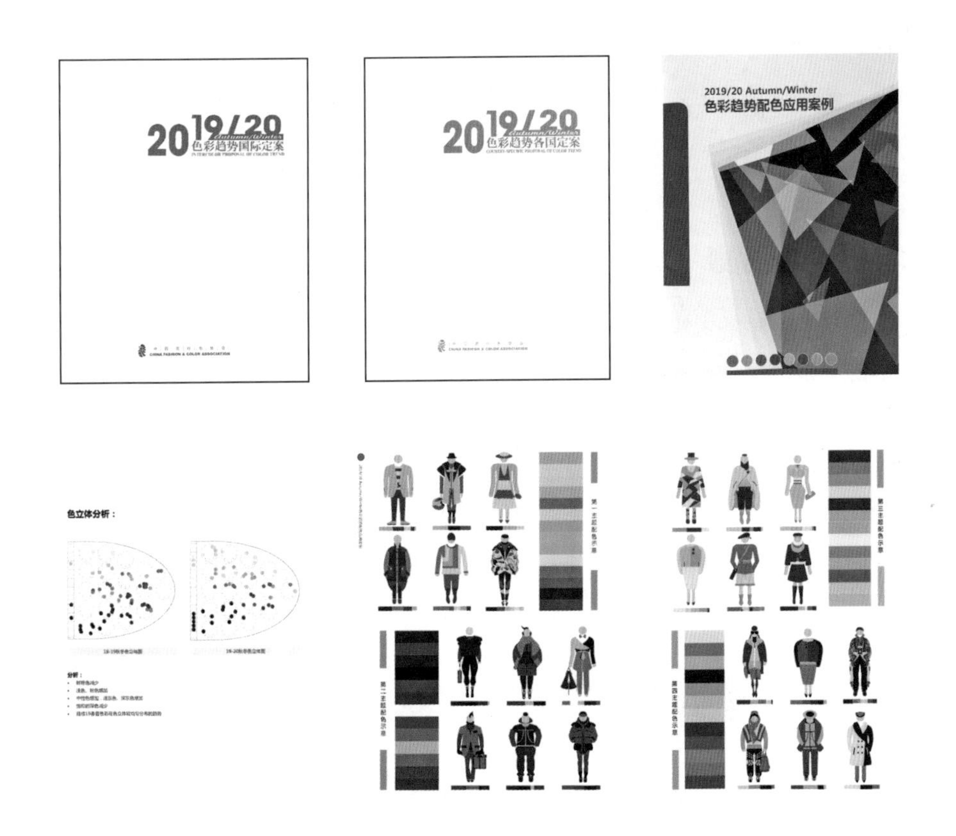

图3-9 2019/2020年秋/冬《国际色彩报告》内容

二、纤维、面料的预测

纤维的预测一般提前销售期 18 个月，面料的预测一般提前 12 个月。

对于纤维、面料的预测主要是由专门的机构，结合新材料、流行色来进行概念发布。色彩通过纺织材料会呈现出更加感性的风格特征，所以关于纤维与材料的预测往往是在国际流行色的指导下结合实际材料加以表达的，它使人们对于趋势有更为直观的感受。

专业展会成为各个流行预测机构和组织展示他们成果的重要舞台，通常会借助各大纱线博览会、面料博览会进行展出。在这里可以结合材质更为实际地体验到未来的服装色彩感觉。

纱线、面料博览会上通常会展出新的流行色彩概念、新型材料以及上一季典型材料，有时还会制成服装更直观地展示这些新的发展趋势。

三、款式的预测

款式的预测通常提前 6 ~ 12 个月。预测机构掌握上一季畅销产品的典型特点，在预知未来的色彩倾向、掌握纱线与面料发展倾向的基础上，可以对未来 6 ~ 12 个月服装的整体风格以及轮廓、细节等加以预测，并最终制作成更为详细的预测报告，推出具体的服装流行主题，包括文字和服装实物。权威预测机构除了会对各大品牌的新一季的 T 台做出归纳与编辑，同样会推出由专门设计师团体所做的各类款式手稿。

在预测内容中，由于色彩是预测的基础，因此，专门的国际预测组织对色彩的预测多而详细。对材料以及款式的预测主要是在国际流行色的框架下配合材料来具体表现的，其预测与色彩相比没有那么严谨，因此内容相对少，主要是对各大机构以及展览资讯的及时收集，同时对新材料加以关注。

四、零售业的预测

零售业的预测主要是各大零售公司的专门部门通过信息的收集与分析，结合本公司的定位方向，对新一季的采购工作做出评价报告，并作为采购工作的依据。一般要提前 3 ~ 6 个月。服装零售业的预测在 21 世纪的重要特点是快速。国际上新型的零售服装品牌，如西班牙的 Zara、瑞典的 H&M 的经营模式可以对零售业的预测加以了解。

这些大的零售公司通常并不热衷于创造潮流，而是对潮流做出快速反应。他们是潮流的发现者，在世界各地不停地旅行来发现新的流行趋势。从流行趋势的识别到把迎合流行趋势的新款时装摆到店内，时间通常是在 1 个月内。

第四节　流行趋势发布的形式

流行趋势的发布形式，包括平面发布形式、静态展示发布形式与动态服装表演发布形式三种（图 3–10）。

平面发布　　静态展示　　动态服装表演

图3-10　流行趋势的发布形式

一、流行色的发布形式

流行色的发布通常会通过服装表演、博览会展览、杂志刊登等方式向公众发布。向公众展示的流行色稍后发布于国际流行色会议，是根据各国国际流行色定案消化整理后以更加清晰的主题概念进行发布，因为一些初步的产品如染料、纱线等已经按照国际定案进行生产了。各国流行色权威机构及其他发布流行色机构的发布时间一般需提前 18 个月，平面发布通常包括四个部分：主题名称、主题画面、主题概念的简单描述、主题色卡（图 3-11）。

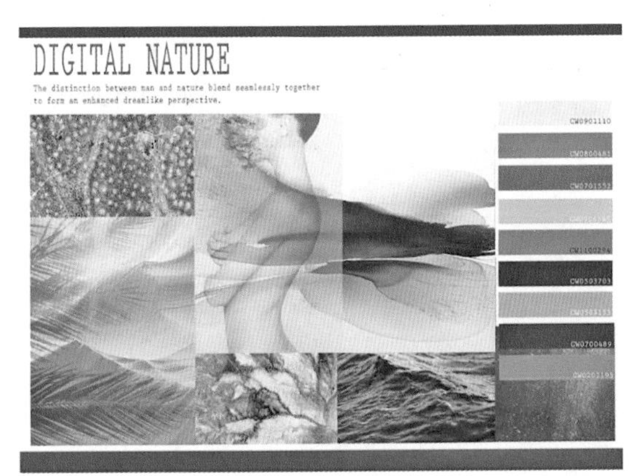

图3-11　第一视觉面料展（Première Vision）2018春/夏色彩流行趋势

对于流行色的运用，服装专业人员首先要通过感受主题画面充分地理解色彩概念，其次要懂得如何对待色卡、如何分析色卡，并将这些色卡与自己的产品开发结合起来，快速地推出本公司新一季的色卡。

主题色彩通常是由几个色相的多种色彩组成的，带有倾向性的色调组适应多方面的需要。通常可以将主题色卡分为三个色组。

主流色组：把流行的色彩（上升色）和正在流行的颜色（高潮色）构成流行的主色调；而即将过时的色彩（消褪色）在其中占少量部分。

点缀色组：一般都比较鲜艳，而且往往是主流色的补色。其在色彩组中起到局部的、小面积的点缀作用。

基础、常用色组：以无彩色及各种色彩含灰色倾向的色相为主，并加上少量的常用色彩。

以图 3-12 所示法国 Promostyl 2019/2020 秋 / 冬色彩流行趋势为例分析。

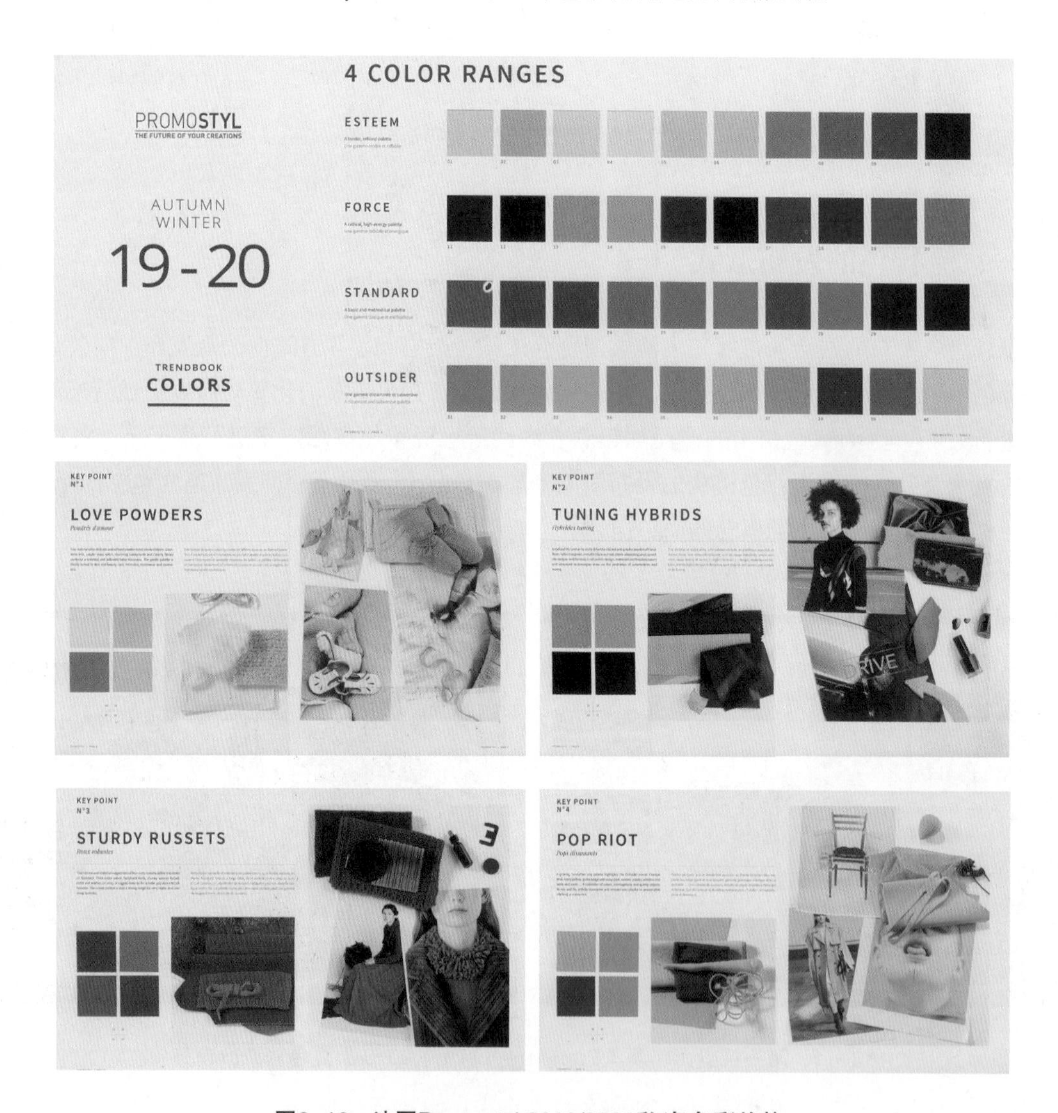

图3-12　法国Promostyl 2019/2020秋/冬色彩趋势

Promostyl 2019/2020 秋 / 冬色彩整体趋势是矛盾中的平衡。理智与感官、柔软与强烈带来耳目一新的感受。色彩分为四个主题：尊重（ESTEEM）、力量（FORCE）、标准（STANDARD）和局外（OUTSIDER）。“尊重”传达幸福感，色调柔和而精致；“力量”表达即时和本能的表现，色调激进而具有动态感；“标准”寻求一种以基本和有条理的调色板为基础，表达更缓慢和更清醒的消费态度；“局外”色彩组合富有创造力与幽默感，在一个不和谐和颠覆性的调色板中展现幻想特质。四组颜色中的中性化色彩成为主流色组，配合主题表达，每组带有冲突与对比的颜色成为点缀色。

二、纤维与面料的发布形式

在展览会上纤维与面料主要以平面画册及各种面料小样展示，并配合一些以展示纤维和面料特征的悬挂立体样式展示。为配合观众使其产生更加贴切的感受，也会设立真人模特并布置在有主题的展示台上。各参展商同样在自己的展位上以相同的方式展示自己的产品（图 3–13 ~ 图 3–15）。

早于展览会的纤维与面料发布都是通过平面的形式。纤维与面料平面发布的形式一般包括五个方面的内容：主题名称、主题描述、主题画面、面料图片和色卡（图 3–16、图 3–17）。

图3–13　2018年6月意大利国际纱线展（Pitti Immagine Filati）展出的2019/2020秋/冬针织流行趋势

图3-14　2019/2020秋/冬意大利国际纱线展会上与针织生产商Modateca Deanna在国际皮具展Lineapelle联手的合作展出

图3-15　2019/2020秋/冬意大利国际纱线展会上以“混杂”（Hybridisation）为主题的针织服装设计比赛

图3-16　纺织面料流行趋势平面发布（2019/2020春/夏中国面料流行趋势）

图3-17 纺织面料流行趋势平面发布（2019/2020秋/冬中国面料流行趋势）

三、款式的发布形式

在各大时装周上，款式主要以动态表演的形式进行发布（图 3-18）。

更早的发布通常也是采用平面的发布形式。款式的平面发布形式较为多样，通常会按照综合了色彩、材料与款式的形式进行平面的发布。内容同样包括主题名称、主题画面、主题描述、款式与款式细节、色卡等内容，文字描述包括对色彩、纤维与款式的描述。在主体画面里也包括面料事物图片，整体营造出下一季的表情。

专门的趋势预测机构提供 12 个月以后甚至更长时间的款式设计，可以按照款式数量售卖。在专业趋势网站所发布的款式预测包含款式开发指导，常常包含多个详细的页面（图 3-19）。图 3-20 是国际趋势网站 WGSN 所发布的 2019/2020 秋 / 冬女装趋势预测与设计开发主题之一。

图3-18　款式的动态发布（2019春/夏时装周）

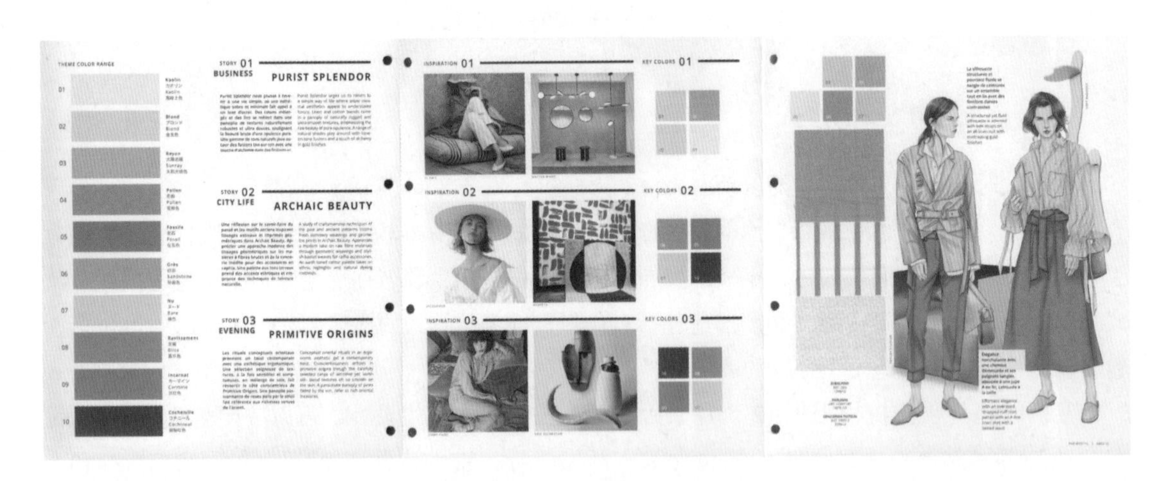

图3-19　趋势预测机构的款式预测性设计（Promostyl公司2019春/夏《女装流行趋势手稿》）

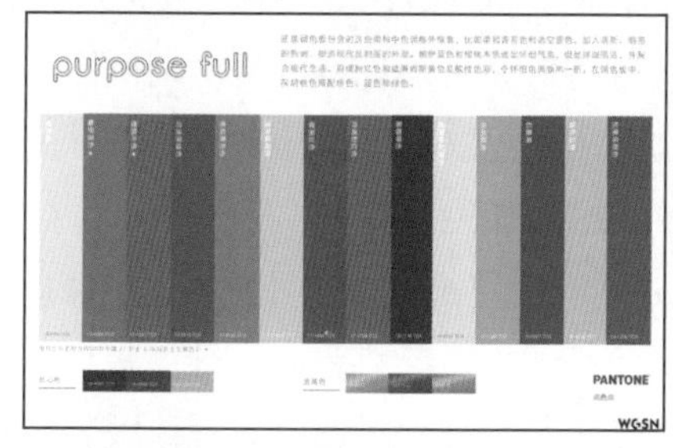

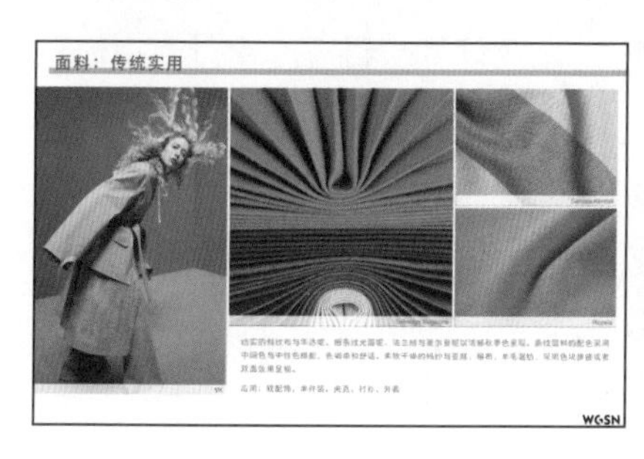

图3-20　WGSN 2019/2020秋/冬女装流行趋势款式开发的平面发布（部分页面）

第五节　流行趋势预测体系与国际预测机构

一、流行趋势预测体系

欧美的成衣经济领先于我国，流行趋势的研发也相对成熟。在西欧服装工业发达的国家中，对于服装流行的预测和研究早在20世纪50年代就开始了，其经历了以服装设计师、服装企业家、服装研究专家为主的预测研究，并以本国的专门机构同国际组织互通信息、共同预测的发展过程。目前已形成了一整套专家与科学调查相结合的现代化服装预测理论。

在欧洲，无论是纱线的行业协调组织还是衣料的协调组织，最终都是以产品作为自己研究流行趋势的主线。各协调组织一般拥有众多成员。例如，法国的女装协会和男装协会，除了拥有本国的成员外，还有欧洲其他国家及美国、加拿大、日本等国的成员。成员的增多使协调组织的权威性也大大提高，预测流行趋势的准确性也不断增加。

（一）法国

在法国，纺织业与成衣业之间的关系比较融洽，这与其近几十年来成立的各种协调机构有着密切的关系。20 世纪 50 年代，法国纺织业与成衣业互不通气，中间似隔着一堵墙，生产始终不协调，难以衔接。后来相继成立了法国女装协会、法国男装协调委员会及罗纳尔维协会等组织，这些众多的协调组织在纺织、服装与商界之间搭起了许多桥梁，使下游企业能够及时了解上游企业的生产及新产品的开发情况，上游企业则能迅速掌握市场及消费者的需求变化。

法国服装流行趋势的研究和预测工作，主要由这些协调机构进行。由协调机构组成的下属部门进行社会调查、消费调查、市场信息分析，在此基础上再对服装的流行趋势进行研究、预测、宣传。大概提前 24 个月，首先由协调组织向纺纱厂提供有关流行色、纱线信息。纤维原料企业向纺纱厂提供新的纺纱原料，然后由协调机构举办纱线博览会，会上主要介绍织物的流行趋势，同时织造厂通过博览会，了解新纱线的特点及将要流行的面料趋势，并进行一些订货活动。纱线博览会一般提前 18 个月举行，半年之后，即提前 12 个月举办面料博览会，让服装企业了解一年半以后的流行趋势及流行面料，同时服装企业向织造企业订货。再过 6 个月，由协调机构举办成衣博览会。成衣博览会是针对零售业和消费者的，它将告诉零售业者和消费者，半年后将流行什么服装，以便商店、零售商们向成衣企业订货。

（二）美国

美国主要通过商业情报机构，如国际色彩权威机构（专门从事纺织品流行色研究的机构），提前 24 个月发布色彩流行趋势。这些流行信息，主要针对纺织印染行业。美国的纺织上游企业根据这些流行情报及市场销售信息，提前 12 个月生产出一年后将要流行的面料，并把这些面料主动提供给下游企业——成衣制造业的设计师，并为设计师进行一条龙服务。而设计师设计未来一年后的款式时，第一灵感来自面料商提供的面料。这些面料是服装设计师们自主挑选的，同时也是面料商根据市场信息做出一些适当的调整。

除了国际色彩权威机构以外，美国还有本土的流行趋势预测机构即美国棉花公司。美国棉花公司主要对服饰及家居的流行趋势进行长期预测，它的流行预测服务非常全面，囊括了从色彩到所有成品服装的各个方面，这些都奠定了其在色彩与织物等方面的权威地位。

美国的一些成衣博览会和发布会是针对批发商、零售商和消费者的，它向商界和消费者宣布下一季将会流行何种服装。总之，美国是通过专门的商业情报对纺织品、服装的流行趋势进行研究、预测，帮助上下游企业自行协调生产。

（三）日本

日本是一个化学纤维工业特别发达的国家，这使其以一种独特的方式进行服装流行趋势的研究预测。在日本较有实力的纺织株式会社，如钟纺、商人、东洋纺、旭化成、东丽等公司，都专门设有流行研究所和服装研究所。这些研究所的任务就是研究市场、消费者、人们生活方式的变化，分析欧洲的流行信息，并根据流行色协会的色彩信息，研究出综合的成衣流行趋势。这些纺织公司得出衣料流行趋势的主题后，便在公司内部及有业务关系的中小型上游企业进行宣传，生产出面料，并举行本公司的面料博览会或参加日本的面料博览会，如东京斯道夫（Tokyo Stoff）、京都的IDR国际面料展，宣传成衣流行趋势，并向成衣企业推荐各种新面料，接收服装企业的订货。服装企业则根据信息生产各类成衣，再通过日本东京成衣展或大阪国际时装展向市场和消费者提供流行服装。

（四）中国

目前，中国影响力较大的成衣品牌，也是通过公司内部的研究部门对流行趋势进行预测，指导新一季产品的开发，并取得很好的市场回报。

经历了20世纪80年代的“港台风”、90年代的“欧美风”，到21世纪初的“韩流”“哈日”等，一度被市场定位、社会文化与地理气候因素所影响的中国大众的穿着方式与穿着审美，在多年受欧美流行的影响下，具有一种盲从性。而今天中国的服装消费已跨越了流行趋势的初级阶段，不再盲目追随外来的穿着理念，越来越多的消费者讲究个性与品位。这种诉求使当今中国成衣品牌的市场趋势预测呼之欲出，发布中国本土的流行趋势预测的结果也势在必行。尤其是当今服装流行趋势所显现出来的模糊性、多元性的特点，容易使中国成衣品牌的研发团队陷入一种迷茫。因此，中国成衣品牌更加需要拥有自己对流行趋势研发的主导权。

我国服装流行趋势的研究已进行了二十多年。最早始于1986年经国家科委批准的“七五”国家重点攻关项目，开创了我国服装流行趋势研究的先河，建立了一套基础的研究架构和工作体系。2000年以后，吴海燕女士创立的“Why Design”流行趋势工作室，在流行内涵及研究方法上延续了服装流行趋势的课题，对推动我国服装业的发展、引导大众的衣着消费，发挥了积极的作用。该工作室于1998年创立，由一群专业的研究设计人员通过对社会、政治、经济、文化思潮的关注，结合纽约、巴黎、米兰、东京等时尚中心对流行的阐释，特别是对国内流行趋势发展脉络的把握和对国际时尚的演绎，最终形成了“Why Design”概念、色彩、纹样、款式等的趋势研究成果。“Why Design”流行趋势研究成果一年发布两季，主要是对中国服装流行趋势和中国家用纺织品流行趋势预测的研究发布，它已成为目前国内较有权威性的趋势预测报告之一。此外，该工作室还承担了中国丝绸流行趋势、牛仔服装流行趋势、中国服装流行趋势，海宁·中国家纺布艺流行趋势、滨州·中国纺织流行趋势、杭州·中国女装流行趋势等研究项目。流行趋势研究发布的样章为中国服装、家纺设计师和国内自有品牌的发展提供了重要依据。

通过这些经验的积累，我国目前基本建立了一套与国际流行趋势相一致的，同时适合我国服装业发展现状，具有中国特色的预测方法和体系，形成了从信息研究、数据统计到出版物、多种媒体导向再到各种服饰博览会、CCTV趋势发布等多方位、立体式的协调系统。主要国家机构如下。

1. 中国纺织信息中心

中国纺织信息中心是在政府机构改革和国家科研体制改革过程中组建的纺织行业中介机构，由原中国纺织总会信息中心、中国纺织科学技术信息研究所、中国纺织总会纺织产品开发中心、国家纺织工业局统计中心四家机构重组而成。该中心的产品信息部是目前国内最大、最权威的纺织、服装专业资讯提供机构，其依托中国纺织信息中心的行业优势及在国际同行业的地位，与多家国外知名资讯服务公司和机构建立了密切的合作关系，如美国 Pantone 公司、德国 Mode Information 公司、法国 Promostyl 设计工作室、英国 ITBD 集团、意大利 SASS 公司、Novoltex 公司、Italtex 公司、A&R 公司、日本 Kaigai 公司等。该中心提供从流行色到纱线及面料，再到服装等多方面的趋势资讯与产品开发服务，还负责执行一系列国家组织的研发活动项目，如由中国纺织工业协会牵头组织的“Fabrics China 中国流行面料”系统工程，主要目的是提供关于纱线、面料产品的预测、结合企业进行新产品的开发与宣传、建立质量监控系统、向国际推广中国流行面料形象等方面的服务。

2. 中国流行色协会

中国流行色协会主要是关于中国色彩方面的研究、发布，提供色彩咨询、色彩培训等服务。不同国家的趋势预测系统都具有一些共同的特征，如图 3-21 所示。

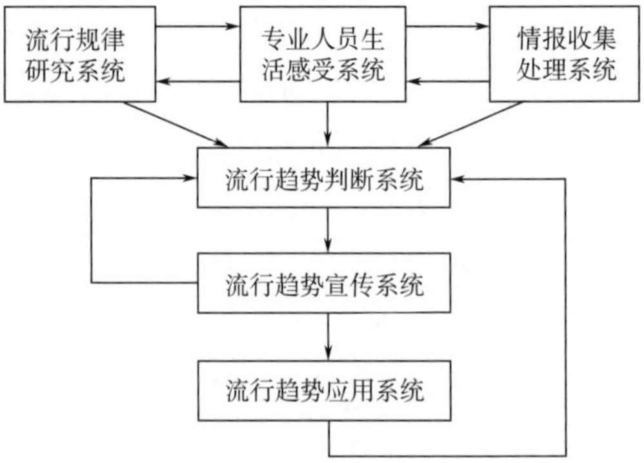

图3-21　流行趋势预测系统图示

二、国际流行预测机构

流行趋势对服装生产具有指导作用，但对于流行趋势信息收集的庞杂与分析的烦琐，每个服装生产企业都无法独立完成。因此，便产生了相当强大的专业队伍来专门提供有关流行趋势咨询的服务机构。这些时装业内部的中间环节——独特的研究机构和咨询公司所提供的资料是很多时装公司不可或缺的。目前，这些大的服装信息咨询机构都提供了网上服务与资料手稿的发行（图 3-22）。

（一）法国 Promostyl 时尚咨询公司

创立于 1967 年的 Promostyl 公司是一家全球性的流行趋势研究和设计项目开发的专业机构，以“辅助企业适应未来的生活风格”为使命，也是迄今为止成立时间最长的权威性流行咨询公司。除了法国巴黎总部之外，该公司同时在美国纽约、日本东京两个重要的时尚中心设立了直属分公司，使其信息网络遍布全球各大时尚城市。

Promostyl 每年会推出 15 部流行趋势手稿，专门剖析未来的潮流趋势，提前 18 ~ 24 个月为客户提供明确而具体的解决方案。手稿内容主要包括《色彩流行趋势手稿》《设计风格趋势手稿》和《材质流行趋势手稿》等，每部手稿都为特定的市场打造，按主题内容定义流行时尚。流行趋势手稿中配有丰富的效果图、款式图和照片，以此来展现写实而准确的未来时装潮流。如《设计风格趋势手稿》的主要内容包括：探究即将到来的社会文化潮流以及正在浮现的生活时尚；以丰富的主题阐述着影响消费者行为的不同社会时尚；通过对全球时尚生活方式的分析，定义每个季节的四大主题，概括消费者习惯的主要变化，为每季的四大主题提供清晰的思路；分析对全球消费行为有着深远影响的正在形成的新的观念、新的兴趣点和新的艺术形式。

（二）美国预测机构

1. **美国棉花公司**（Cotton Incorporated）

美国棉花公司负责流行预测的流行市场部，位于纽约曼哈顿麦迪逊街488号，共分成三个小组，分别是流行色与面料趋势预测小组、服装款式预测小组和家用纺织品预测小组。其成员将全部精力主要投注在三个领域上：销售理念，每年定期举行两次正式的服饰研讨会；色彩预测；棉花工业建立永久性的织物图书馆及设计研讨中心。

美国棉花公司的时尚专家每年都会到世界各地收集有关棉纺织品的最新流行信息，参加各地的主要流行趋势预测会，并把收集到的信息进行汇总，通过系统分析，得到有关棉纺织品的色彩、面料等其他方面的流行趋势。这些信息对及时把握市场动态，制订市场策略都非常有帮助。每年流行趋势专家还在伦敦、巴黎、米兰、中国香港、东京、新加坡、上海、洛杉矶、纽约等25个城市进行流行趋势巡回演讲，听众来自1700家公司、近4000名决策者。流行趋势讲座极大地影响了采购商和设计师，目的是使棉及富含棉的纺织品在市场上居主导地位。

2. **美国** Fashion Snoops

Fashion Snoops是全球领先的在线服饰时尚预测和潮流趋势分析服务提供商。总部设在美国纽约，是《国际运动装》（*SPORTSWEAR INTERNATIONAL*）和《国际流行公报》（*COLLEZIONI*）等顶级商业杂志的定期供稿机构；在infomat.com公布的“世界潮流趋势预测服务25强”报告中，fashionsnoops.com被评定为“A+”级（最高级别）。其服务范围包括全球国际流行时尚（可下载使用设计样稿、结构图）、色彩搭配、流行观点、全球流行服饰销售报告、设计工具（潘东国际标准色卡、市场竞争分析报告、导购图、时装年历等）、展会新闻等。作为国际顶级潮流资讯机构，旨在给用户提供专业、全面且实用的即时资讯及分析预测，可快速运用到企业新产品的开发中。

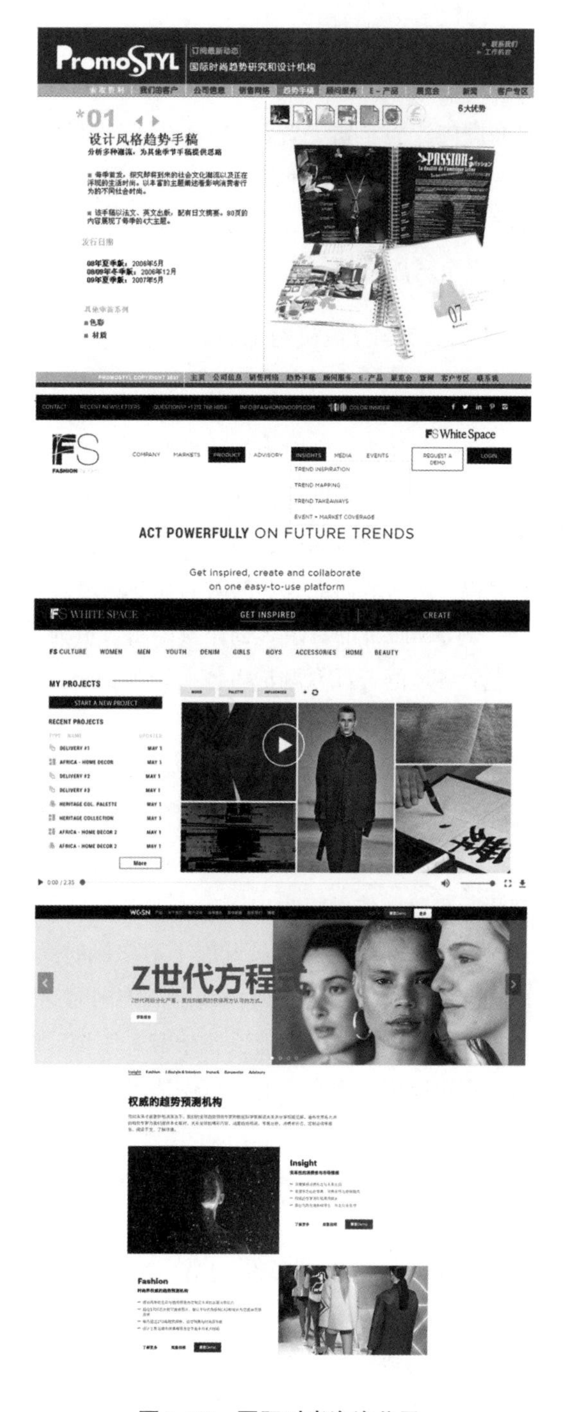

图3-22 国际时尚咨询公司

3. 美国 Stelysight

Stylesight 是一个专门提供时尚资讯的信息平台，由 Frank Bober 于 2003 年在纽约创办。拥有时尚圈内经验丰富的资深业务团队，提供涉及时尚设计、潮流分析、预测、报道、营销和服装生产等各领域的第一手信息。从设计开发到商业运作，Stylesight 对时尚产业了如指掌。Stylesight 2005 年致力于开拓中国市场，提供专业的中文趋势咨询。2013 年，Stylesight 被 WGSN 收购，成为后者全球战略的一部分。

（三）英国预测机构 WGSN

Worth Global Style Network（WGSN）是全球领先的在线类时尚预测和潮流趋势分析服务提供商，通过在线为各大时尚产业精英提供最新的专业时尚资讯。世界上大型服装公司都会定期订阅 WGSN 的服务来帮助他们获得最新的国际风尚资讯。WGSN 总部设在伦敦，同时在纽约、中国香港、首尔、拉斯维加斯、墨尔本和东京设有办事处。其归属于英国顶尖的媒体上市公司 Emap，被业界视为最活跃与最成功的时尚在线网络公司。

WGSN 旗下的百余名创作及编辑人员为了满足客户的需求经常奔走于各大时尚之都，并与遍及世界各地的资深专题记者、摄影师、研究员、分析员及潮流观察员组成了强大的工作网络，实时追踪新近开幕的时装名店、设计师、时装品牌、流行趋势及商业创新等行业动向。潮流研究小组穿行于世界各地的时尚商演中，实时记录 T 台风尚、追踪橱窗陈列，然后将所有资讯反馈给设计师们，为他们提取精华，为下个季节指点出新潮流的走向。

WGSN 非常看重中国及亚洲对时尚潮流的影响。2006 年 7 月，WGSN 首次在中国发布全球服饰流行趋势。他们将为中国本土的时尚公司以及驻中国的外国企业提供领先的时尚和潮流资讯，并已经着手组织调查人员开展了对中国时尚潮流的调查。新任中国区经理戴维·葛德威（David Kurtz）表示，将为走在时尚前沿的中国时尚公司、服饰公司及业界提供 WGSN 风格的潮流资讯，为中国与国际时尚、潮流文化架起一座沟通的桥梁。他还认为，中国有着丰富的文化元素可供分享，将可能成为强有力的潮流创造者，中国是值得关注的时尚潮流原动力之一。

三、中国流行趋势预测机构

中国流行趋势在 21 世纪第二个十年里有了长足的进步。早期主要是通过《流行色》杂志对国际色彩趋势进行报道，2005 年左右趋势行业在中国开始蓬勃发展，目前已有多家网络咨询公司提供原创趋势资料。如 2004 年建立的 POP 服装趋势网站、2005 年建立的蝶讯网、2014 年建立的“WOW-TREND”等（图 3-23）。

图3–23 中国网络时尚咨询公司

本章练习

1. 按色彩、材料、款式分类收集近几季的国内外流行趋势发布资料。

2. 色彩及款式主题趋势练习（要求包括主题名称、主题故事叙述、主题画面、色卡、款式、款式细节、款式描述与关键词）。具体练习可以按照以下步骤：

①根据练习 1 所收集的资讯设立一个主题，并寻找与主题故事相关的材料；根据主题设定关键词并讨论所收集材料的取舍，完成主题故事画面的营造与描述。

②制作色卡（要求不少于 8 个）。

③根据色彩故事主题讨论描述款式与关键词，设计款式草图。

④绘制款式及款式细节（要求款式不少于 6 种）。

PRADA

应用与实践

第四章　服装流行趋势的调查与分析

课题时间： 16课时

训练目的： 培养学生收集、分析、过滤流行信息的能力。

教学方式： 由教师讲述课程理论，通过学生的实践和讨论掌握收集信息与分析信息的能力。

教学要求：
1. 让学生了解并掌握服装流行市场的行业构成。
2. 让学生掌握流行信息的来源。
3. 让学生通过调查实践掌握与了解流行市场、观察流行市场以及预测流行市场的方法。
4. 分组讨论。

第一节　服装流行市场的行业构成

服饰流行行业由三部分构成：生产原材料的一级结构、制造服装及相关产品的二级结构以及面向消费者销售服装的三级结构。

一、一级结构——原材料制造业

制造服装的原材料范围包括：纤维、羽毛、毛皮、塑料、金属等可以用来制造服装及服装配件的材料。对于设计师、成衣生产商、服装零售业者以及流行总监来说，了解有关服饰原材料的发展动向是制造流行的始发点。

纱线包括天然的、合成的以及混纺的。新科技的不断创新使纤维的种类、外观效果不断更新和丰富，如天然颜色的棉花、天丝、莱卡等，都为新面料的产生提供了条件。同时，生产商们也会注意到新的流行动向，如流行色彩、人们对面料的新要求等。

面料生产商为制造服装提供面料。整个时装世界从这里起步，也是流行的开始。面料的开发是要早于款式设计的，吻合流行趋势的服装材料最终才能获得消费者的青睐。而消费市场风云变幻，服装零售业者一般都依赖于成衣制造商对织物的正确选择。一些大的零售商或是品牌经营者会进行面料市场的研究，按照流行的动向（色彩、纤维材料、图案等）定制面料，以指导成衣制造商的生产。国内一些品牌经营者在产品开发时同样会进行面料的选择或是定制，如天意品牌有自己专门开发的莨绸面料产品。

流行服饰开始于对材料的正确选择。守株待兔显然在这个快速变化的市场中难以取胜。纱线与面料生产者必须不断进行流行趋势的研究，适时推出时尚的纱线和面料。

二、二级结构——成衣制造业

成衣制造业是连接织物世界与零售业的桥梁。较之服装原材料的生产商，成衣制造商要在预定的价格之内运用新的创意与成型技术，创造出各种风格的服饰，他们对于流行的预测更加依赖于设计师、采购人员、零售商提供的信息和要求。

20世纪初，成衣的出现促使服装行业从逐件定制演变为批量生产，从而产生了现代意义上的流行，消费者大规模化的款式风格就是最流行的。信息化、大型生产商以及流行市场的扩张等进一步推动了成衣业的发展。成衣车间的衣服离上市时间很短，成衣制造商总是被要求在很短的时间内完成公司指定的款式。“快速化”是现代流行的最大要求。

成衣制造商需要不断获取新的市场信息，包括自家调查员的调查以及来自零售商、设计师、采购人员的信息，以便预测下一季的流行趋势，提前推出新的服装样式，从而在流行高峰之前占领市场。

三、三级结构——各级零售业

零售业是单纯地以获利为出发点的买卖过程。其中的获利程度灵敏地反映出准确的市场调研、谨慎的采购以及正确的销售定位。

在零售业中，采购人员对于流行市场起着相当重要的作用。他们所签下的大量订单可以支持并延续某种风格，他们甚至会对设计师设计什么样的产品以迎合消费者的口味提供指导。

零售业面对的是消费者，采购人员对流行的评估是否正确最终会在市场销售过程中得到证实。如果采购人员忽略了对消费者的调查，忽略了流行趋势而孤注一掷地投资到特定的织物或款式上，最终会影响到采购人员及零售商在市场中的地位。

同样，设计师也有着相同的误区，如太注重个人对某些织物的偏爱，或太注重新的观念而忽略在新的、旧的与消费者真正需要的东西之间找到平衡，最终也会产生严重的错误。

消费者在各种媒体信息中对流行进行选择，但是最终对流行概念的认同仍旧掌握在消费者的手中。在设计、采购之前，零售业的相关人员必须要参考多方面的意见：预测机构发布的信息、报纸杂志中的信息、市场反馈的信息，结合自己的专业知识与经验，设计符合自己公司风格的产品。所以，零售业的相关人员，如采购人员、设计师、流行总监等都需要掌握对纷杂的流行因素如何筛选的技巧。

零售方式多种多样，典型的形式有百货公司、品牌专卖店、设计师精品店、品牌连锁超市、服装商业街、大型服装批发市场、服装超市等。

服饰流行行业的各级结构以最终的服装流行为目标，因此各级制造商相互依赖、相互沟通，而各种有关资讯与传播公司起到了沟通的媒介作用。由美国人丽塔•佩娜所著的《流行预测》一书中形象地表述了这种关系（图 4–1）。

第二节　趋势预测的信息调查

流行就像一个循环的生产过程，在这个过程中需要经过预测、引导等步骤。虽然预测没有简单、明确、肯定的保证，但是一些方法与技巧可以帮助预测工作者了解和分辨出消费者的需求与欲望，理解消费者的购买目的，从而引导服饰的生产与流行。其预测的基础在于资料的收集与整理，并为找出新的流行点做好准备（图 4–2）。

预测者在服装行业的各个环节中都起着作用，而消费者同样受到来自杂志与电视媒体倡导的趋势影响，从而最终证明预测的结果，消费者的最终信息反馈给预测者，并为其分析下一季的流行信息提供依据（图 4–3）。

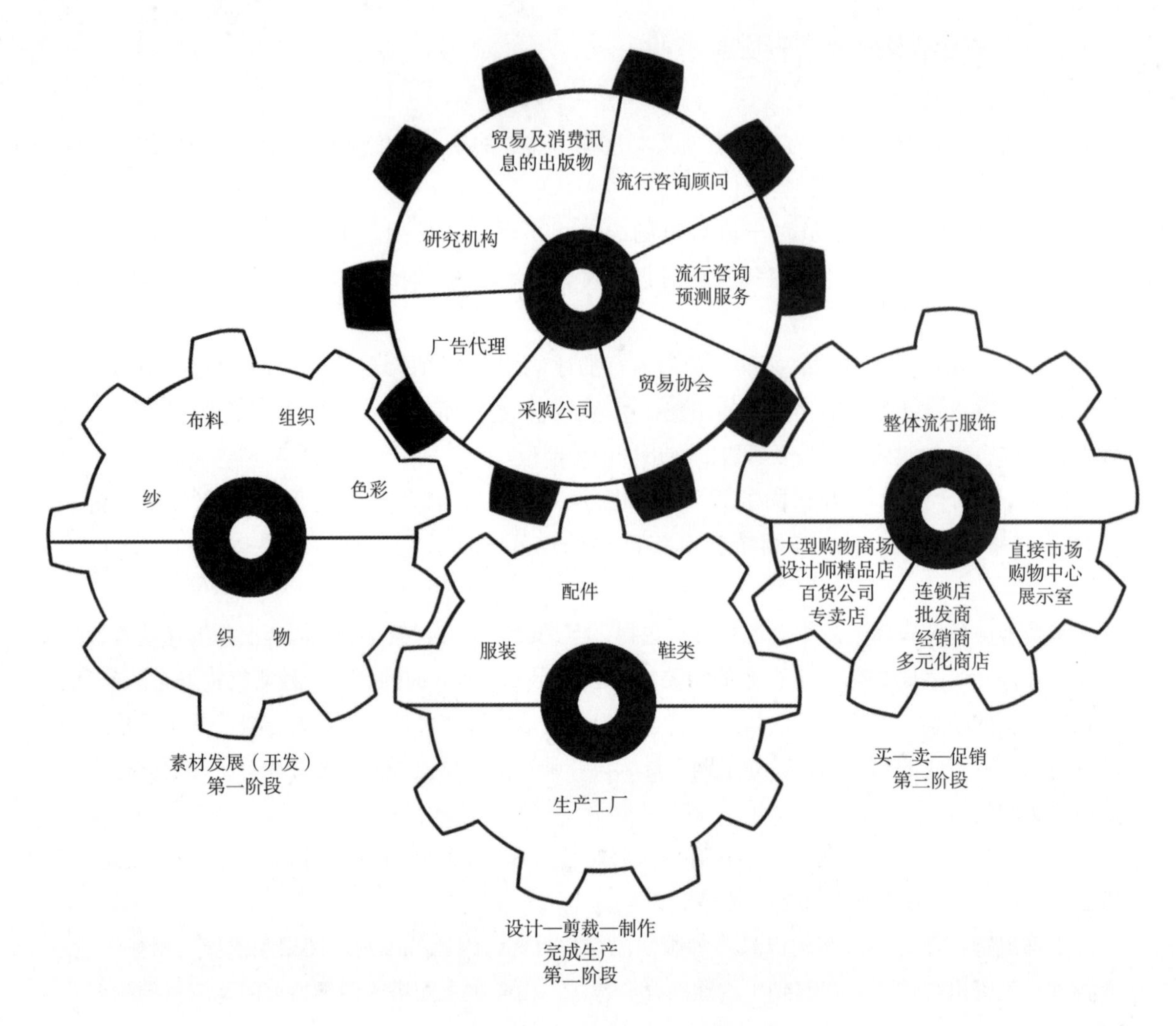

图4-1　流行行业——永不停止的齿轮结构

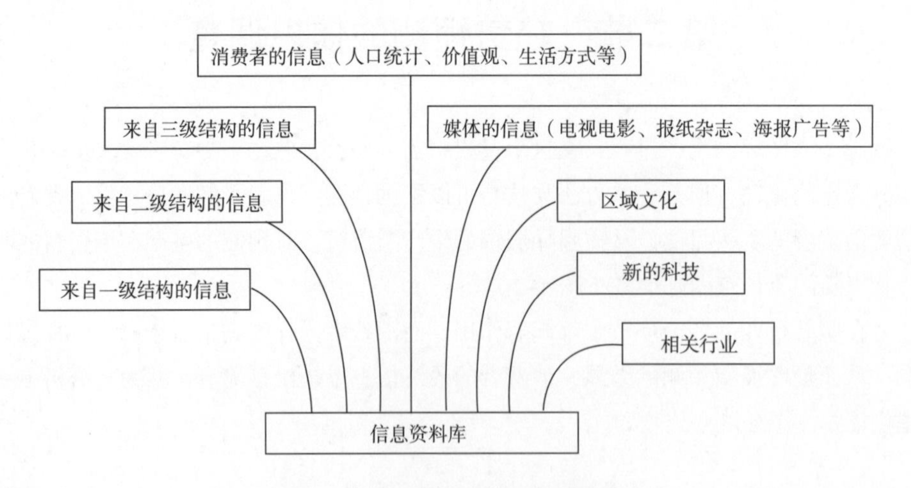

图4-2　流行趋势预测的基础信息

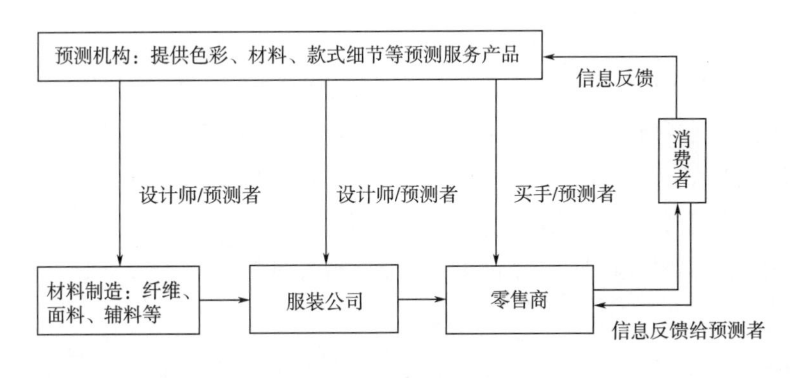

图4-3 预测产品的使用

一、服饰流行行业的信息采集

（一）一级结构的信息收集

对于服装业来说，服装面料博览会在很大程度上决定了来年的趋势。你在什么地方能够看到像克里斯汀·拉克鲁瓦（Christian Lacroix）或者德赖斯·范·诺顿（Dries Van Noten）这样的设计师在人群中来回走动呢？大概只有每年9月末在巴黎举办的第一视觉面料展上。面料供应商每年会在此时展示他们的成果，如技术的革新而变得更轻的粗花呢，每年都会有细微变化的牛仔布等。在这样的博览会上，一些大品牌会对某些面料做独家采购。尽管大多供应商对客户的资料保密，但大品牌采购面料的信息还是会被灵通人士捕捉到，从而影响到这个行业其他时装公司的选择。这个季节是蓝色或者下个季节是紫色，这一季是亚麻或棉布，下一季是丝绒或者条绒，在时装周之前的服装面料博览会上已经初见端倪。

色彩与纤维材料是纺织行业的基础，是积累预测资料的第一步。通常会通过纱线与面料博览会来获得最新的信息。通过有关色彩、纤维、面料组织与质地等方面的资讯，预测工作者会逐渐感受到新的流行动向，因此很有可能找出下一季节流行的特色。

国际性质的纱线、面料博览会对于整个流行市场起到相当重要的作用。这些博览会主要有：法国国际纱线展（Expofil）、意大利国际纱线展、第一视觉面料展、纽约国际时装面料展（International Fashion Fabric Exhibition）、米兰国际面料展（Intertex Milano）、德国面料展（CPD Fabrics）等。目前我国较有影响力的展览是上海国际流行纱线展（Spinexpo）。

1. **主要国际纱线展**

（1）法国国际纱线展（图4-4）：

展会地区：法国巴黎

举办周期：一年两届（1月、7月）

展览范围：纺织纱线

法国国际纱线展是世界纺织与时尚界最负盛名的法国第一视觉面料展的一部分，主要展示当今流行和新开发的各类纱线与面料产品。创办于1979年，最初为法国国内展会，1987年发展为欧共体范围内的国际专业展。到 2001 年，该展会向全世界最优秀的纱线和纤维制造商打开大门，同时成为全球最大的纱线和纤维贸易博览会。展览会每年举办两届，分别展示春夏、秋冬季的最新纱线产品。该展一直遵循“精品质量导向策略”的原则，对展商的选择尤为严格。该展会服务宗旨是向世界各地展示纺织纱线、纤维以及行业服务与流行咨询等。其展会焦点在于精选及保证展商高品质产品，创造性、改革性及有效地提供国际贸易水平，以达到产品多样化的平衡。从 2007 年 2 月开始，法国国际纱线展与法国第一视觉面料展同期举行。

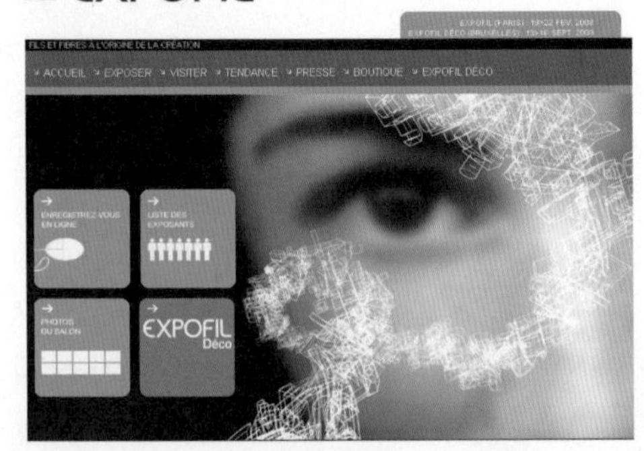

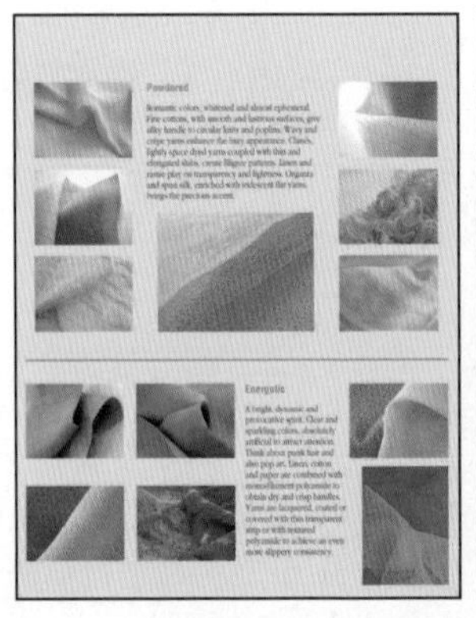
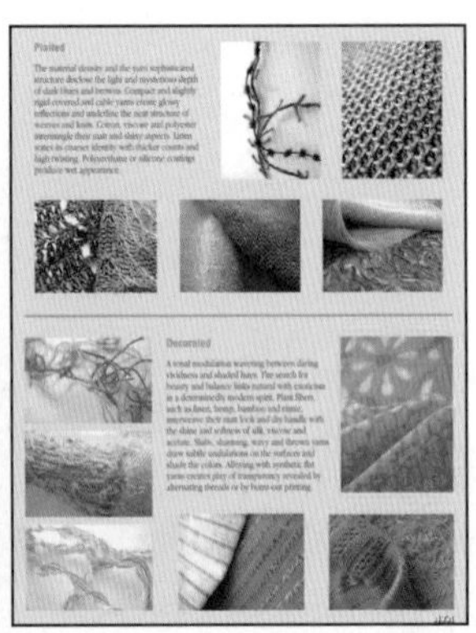
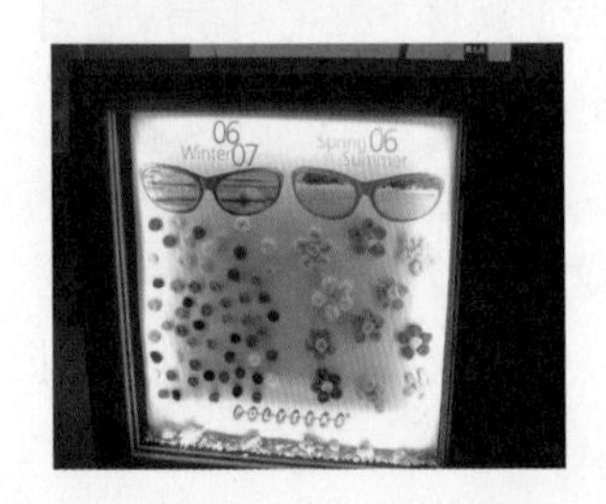

图4–4　法国国际纱线展

国际流行色组委会在分发给每个会员国新的流行标准色卡时，同样会迅速地将定案结果传给紧接着要召开的法国国际纱线展。每一季的流行色概念都会首先体现在这个国际纱线展的中心展台上，起着引领纺织与服装流行色趋势的作用。法国国际纱线展的中心展区主要展示的内容如下：

①流行色概念色谱展区：展出国际流行色协会专家定案的色谱。在纱线博览会上，企业已经将流行色信息与其品牌定位的产品相结合，已经是基本成型的状态。

②流行面料概念材质展区：主要是由专门研究材质方面的流行趋势的专家定案的成果。

③流行产品概念展区：主要展出的是结合流行色概念和流行面料概念而产生的纱线以及织物，是融合了流行趋势概念的展区。

④前一年度典型流行趋势面料的回顾展区：主要是当前在批发市场上达到销售高峰的面料，主要是给厂家和商家对未来发展趋势提供参考。

⑤服装及其工艺流行趋势示范展区：主要展示的是新型面料将在下一个时期的流行时装上应

用的新时尚点。

（2）意大利国际纱线展（图 4–5）：

展会地区：意大利佛罗伦萨

举办周期：一年两届（1 月、7 月）

展览范围：纺织纱线

意大利国际纱线展始于 1975 年。它是面向竞争最前沿的高端市场，并因为有着高水准的品质、创意内涵的商品而处于领先地位，得到致力于国际时尚产品规划和产品设计的专业人士的首肯。每年的展出都为全球的针织服装设计及生产带来全新的思路与技术。

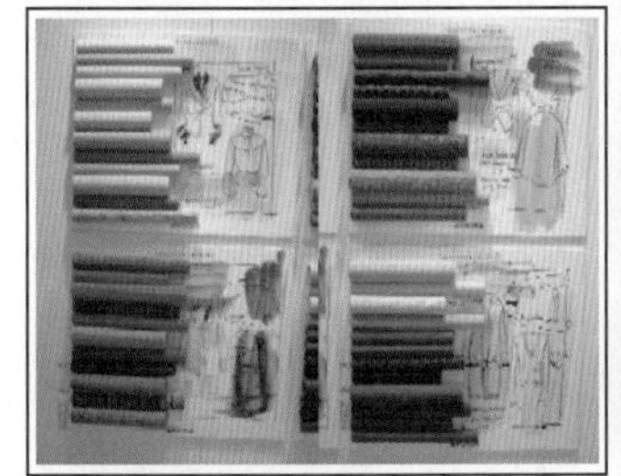

色组（colours）

织法与结构（stitch and texture）

波西米亚针织（La Boheme knits）

复古外观（retro looks）

图4–5　意大利国际纱线展

（3）上海国际流行纱线展（图 4–6）：

展会地区：中国上海

举办周期：一年两届（3 月、9 月）

展览范围：纺织纱线

上海国际流行纱线展于 2003 年 3 月首届展出，定位为专业展会，并非一般意义上的追求参展数量，更注重品质，展商和参展者都经过严格筛选。以技术创新和领导纱线的市场潮流为宗旨，力求传递国际最新的纱线产品及技术信息。其意图是给中国的专业人士提供富有创意的、极具品位的产品，为纤维、纱线、针织品和针织面料提供最具国际性且创意丰富的展示平台，同时提供资讯平台以助交流与合作。2004 年 9 月第四届上海国际流行纱线展与意大利国际纱线展合作，焦点在于开拓欧洲以外的市场，实现沟通国际供求的目标。

图4-6　2007年春/夏上海国际流行纱线展

2. **主要国际面料展**

（1）第一视觉面料展（图 4-7）：

展会地区：法国巴黎

举办周期：一年两届（2 月、9 月）

图4-7　第一视觉面料展

展览范围：纺织面料、辅料及相关产品

法国第一视觉面料展创建于1973年，以 900 家欧洲组织商为实体，是面向全世界的顶尖面料博览会。它分为春夏及秋冬两届，2 月为春夏面料展，9 月为秋冬面料展，并发布下一年度的流行趋势，是欧洲最具权威的面料和流行色趋势的发布气象台。

第一视觉之所以是有独创性和权威性的，与它极具特点的组织运作方式是不可分的。

①充分准备的前期工作：每一次展

会都是主办者经过 6 个月辛勤劳动达到的一个高峰。整个过程如此之长，是极为少见的。在正式大展前半年召开的“纤维研讨会”，汇集了各大化学纤维制造商的代表及欧洲主要国家的各个化学纤维行业协会。会议的主题是“本季流行色与纺织面料的发展趋势”。这次会上发布的流行色信息，在正式大展前送到参展商手中，以配合展会前展商样品的收集工作。在正式大展前的 4 个月，有针对性地召开第一视觉面料展的“促进研讨会”，为大展做宣传准备。与会者皆为各国选派的发言人，事先在国内各自召开了汇集众多时装设计师、风格设计师的全国性研讨会。

②严格挑选参展商：第一视觉面料展对参展商挑选非常苛刻，严格控制展商数量。对参展公司最重要的要求是产品有较高的创意水准，有推出新产品的能力。为了跻身于第一视觉面料展，现在每年有近 300 家欧洲公司在候补者名单上。根据展商委员会的严格挑选，每年会有 20 家左右的新成员加入 PV 面料展之中。

③积极收集流行情报：第一视觉面料展作为一个面料博览会，并不是一个流行趋势的发布机构。但是，第一视觉面料展总是花大量的人力与物力，专门往世界各地派观察员，全力观察世界各地的流行趋势，由专家汇总、研究，然后制作每年两度的面料颜色及品质的趋势预测。其宗旨尽管只是为前来展会的参观者、买家和参展商提供服务，但是第一视觉面料展的流行趋势发布在行业中有“旗帜”之称，为专业人士制订下一季度的服装设计作品提供最重要的参考依据。

④独一无二的“买家日”：即“买家预注册”，布展的第一天只开放给预先注册的买家。要成为第一视觉面料展的买家并不容易。只有那些同参展商进行交易，其订单达到一定金额数量（15 万法郎）的个人或公司，才能被称为“买家”。

进入 21 世纪，世界发生了深刻的变化。为了适应这样的变化，更好地把握国际市场的需求，第一视觉面料展还在世界其他几个重要的地区创立了地方性的展会，让展商能够更直接的切入主题，找准市场。例如，2000 年 7 月创立纽约第一视觉面料展（European Preview New York），2004 年 3 月上海第一视觉国际面料展（Premiere Vision Internationl Shanghai）首次出现在中国市场（图 4-8）。

图4-8 第一视觉面料展网站

2005 年第一视觉面料展结合纱线和纤维展（Expofil）、巴黎国际皮革展（Le Cuir à Paris）、创意纺织和图案设计展（Indigo）及时尚配件和装饰品展（Modamont），以五联展方式呈现。展区包括布料、纤维纱线、皮料、图案以及服饰配件五大主要展区，另设有畅销品区及趋势预测区（图 4-9）。

从 2015 年 2 月开始，联合展再次整合并重新命名，各展区均冠以 Première Vision，更名为全球顶级服装面料展（Première Vision Fabrics）、纱线和纤维制品展（Première Vision Yarns）、皮革和

2005年秋/冬季PV联合展

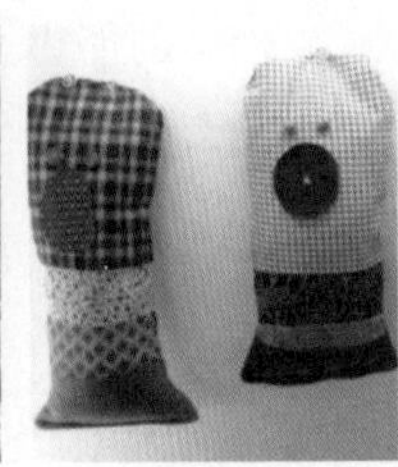

面料展区

Spoiled, 阿姆斯特丹

Bershka, 阿姆斯特丹

Bloom, 米兰

Citadium, 巴黎

We Walk, 伦敦

图案展区

图4-9　第一视觉面料展区部分

皮革的专业展会（Première Vision Leather）、纺织设计和创意展（Première Vision Designs）、时尚装饰品和配件的国际展（Première Vision Accessories）、时尚制造业专业展会（Première Vision Manufacturing）。

（2）纽约国际时装面料展：

展会地区：美国纽约

举办周期：一年两届（4月、10月）

展览范围：纺织面料、辅料及相关产品

纽约国际时装面料展是北美最大、最优秀的纺织面料展览会，也是全球纺织界最重要的展览会之一，始于1992年，其重要性和市场指导性为业内专业人士高度认可。纽约国际时装面料展于每年4月和10月举行，由世界上最大规模的专业举办大型纺织服装贸易展览会的机构之一组办。

在纽约国际时装面料展上，有来自世界各地400多家的面辅料供应商，而前来参观展览会的专业观众更是多达11000多位，他们分别来自美国50个州及全球72个国家和地区。

“纽约国际时装面料展”不仅展示各国面料，还展示辅料、服饰、标签、纽扣、计算机设计、流行趋势及时尚服务等，展会聚集了全球顶尖的设计师、面料生产商、面料采购商、成衣制造商、大型零售商、时装公司等客商，是一个全球性的促销产品和扩大贸易商机的最佳场所，也是了解国际时尚趋势，获得纺织面料产品订单的专业贸易平台。

（3）米兰国际面料展：

展会地区：意大利米兰

举办周期：一年两届（2月、9月）

展览范围：纺织面料、辅料

只对欧洲展商开放。

（4）中国国际纺织面料及辅料博览会（图4-10）：

展会地区：中国北京（春/夏），中国上海（秋/冬）

举办周期：一年两届（3月、10月）

展览范围：纺织面料、辅料、室内装饰面料、家居用纺织品

中国国际纺织面料、家用纺织品及辅料博览会创办于1995年，博览会概念的由来及市场定位基于两个方面：一是中国服装业发展对新型、高档面料的大量需求及对服装面辅料行业水平进一步提高与升级的要求；二是中国家用纺织品，尤其是装饰用纺织品市场的蓬勃兴起及其行业的广阔发展前景。

图4-10　2019年春/夏中国国际纺织面料及辅料博览会

为了规范中国纺织专业展览会的合理布局，充分发挥中国纺织工业协会各下属单位的优势，经协商调整，从2001年起，原为每年秋季在上海举办的“中国国际纺织面料、家用纺织品及辅料博览会”和每年春季在北京举办的“中国国际纺织品博览会”合并为“中国国际纺织面料、家用纺织品及辅料博览会”。时间定为每年3月在北京集中展示面料，10月在上海展示。合并后的博览会由中国国际贸易促进委员会纺织行业分会、法兰克福展览（中国香港）有限公司、中国纺织信息中心、中国家用纺织品行业协会联合承办。承办单位互补优势，完善运作机制，以其专业化的背景和丰富的办展经验保证展览会的影响力、高水准与国际性。

从已举办的往届“面料展”看，它是我国目前纺织品展规模最大、层次最高、展品覆盖面最广、参展商及专业观众最多、交易效果最理想的专业性展会。面料展从创办之初的近10000平方米到现在的近60000平方米，观众从几千人到近50000人，伴随着中国纺织业的壮大而发展。此博览会汇聚了中国纺织行业的领先企业并吸引了众多国外优秀企业，欧洲委员会也把本博览会看作中国最具活力和前景的纺织展，一直支持和赞助欧洲厂商参展。德国、法国、英国、西班牙、比利时、意大利等在每届博览会上都以展团的形式参加。

（二）二级结构的信息收集

二级结构信息来自国内外市场中的服装、服饰配件的制造商与设计师。各大百货公司、设计师品牌店、流行服饰售卖店等都是人们了解现行风格的场所。制造商、设计师与专门的预测工作者都必须不断地收集各种相关资料，不断地相互观察、了解，以明确新的流行发展动向。

各大成衣博览会以及各国家和地区时装周是收集这级资料信息的丰富来源，这一级资源要尽量做到超前、快速，甚至是侦探式收集。例如，巴黎时装周、德国科隆国际男装展、伦敦时装周、米兰时装周、纽约时装周、东京时装周、韩国釜山时装周、中国国际服饰博览会等。通常一年举办两次——秋冬及春夏时装周。

具有强大国际影响力的成衣博览会如下。

1. **意大利佛罗伦萨男装展**（Pitti Immagine Uomo）

展会地区：意大利佛罗伦萨

举办周期：一年两届（1月、6月）

展览范围：男装

“Pitti”和意大利语男士“Uomo”结合，成就了目前男装界中最具影响力的盛会——Pitti Immagine Uomo。佛罗伦萨的男装展分别在每年的1月和6月举办，自1953年至今，已经是第68届了。它是世界上最专业、最具权威的男装展，也是欧洲男装与世界男装贸易沟通的最好桥梁。无论从正装、休闲装以及青少年装来讲，意大利都代表着世界男装的最高制作水平，而且男装的大部分国际品牌都出自意大利，这些顶尖品牌无不重视这项展会。“要想进入世界一线男装行业，就必须参加‘Pitti’，否则，这个行业的大门会永远对你关闭”。因此，意大利佛罗伦萨男装展引领着国际男装的流行时尚，每届展会都成为预测来年国际男装市场流行趋势的风向标，吸引着各国买手及企业竞相参加。

意大利佛罗伦萨男装展是目前国际上定位最高的男装展之一，该展览会的目标是紧随流行趋势，不断求变求新，用精良的设计与品质博得人们的喜爱。历届展览会的服装产品大致可以分为以下几类：传统西服、休闲装、超级休闲装（运动装及生活装）、都市风格的新潮服装以及各类服饰配件等（包括领带、帽子）。这里聚集了一批具有创新思想的年轻设计师，所展出的服装、面料及服饰配件都具有很强的创造性。

意大利佛罗伦萨国际流行展目前包括三个方面，即男装、女装与纱线。

2. **德国杜塞尔多夫国际服装及面料展览会**（简称为CPD）

展会地区：德国杜塞尔多夫

举办周期：一年两届（2月、8月）

展览范围：女装、男装、童装、纺织材料

CPD专业博览会由德国著名的Igedo公司主办，一年举办两届。每届展会的展览总面积超过20万平方米，有来自世界50多个国家及地区的2000余家参展商和来自世界90个国家的50000名专业贸易商。

CPD展目前已成为包括女装、男装、童装、面料、服饰在内的综合性展会，是世界上规模和影响最大的服装、服饰和面料博览会之一，被誉为“欧洲时装业的晴雨表”。

该博览会兼有时装订货和信息汇集两大功能。它一方面是参展商与买家、经销商之间的贸易平台。CPD 注重中档并兼顾高档时装的市场定位。每年 2 月的展品主要展示当年秋冬季服装，每年 8 月的展品主要针对下年度的春夏服装。另一方面，展会期间举办几十场品牌的时装发布会和时装表演，对把握国际流行趋势和获取市场信息有很大帮助。

Igedo 公司举办展会始于 1949 年，目前在德国、英国、中国、俄罗斯组织展览会，它们几乎都是所在领域中最出色的专业展会。从 2003 年始，Igedo 公司与科隆展览中心达成协议，科隆展览中心不再举办休闲装、男装展，而是并入 CPD 展。2005 年 2 月始，童装成为 CPD 展的正式组成。与 CPD 并行的“全球时尚”展览会（Global Fashion）是非品牌厂商的贸易平台，始创于 2003 年 8 月。其目标客户主要是针对大批量采购的客户及自有品牌商，包括成衣进口商、转包商、中间商、批发商等。2005 年 2 月，共有来自 17 个国家和地区的 500 多家参展商，直接客户超过 5000 人，其中 55%来自国外。“全球时尚”展览会已经成为欧洲主要的采购展会。

（三）三级结构的信息收集

来自各级零售业的信息是获取消费者消费偏好的第一手资讯。预测工作者首先从自家公司着手，自家的卖场是最多、最有价值，也是最容易获得资讯的地方，包括设计师在内与预测工作相关的人员需要经常到各级卖场观察，甚至与顾客攀谈。同时还需要观察竞争对手的卖场状况，比较自身的优缺点，在下一季保持或修正。表 4-1 为 2004 年秋 / 冬季男装大众休闲品牌的款式与价格比较。

表4-1 男装大众休闲品牌的款式与价格比较（2004年秋/冬季） 单位：元

款式	真维斯	佐丹奴	班尼路	美特斯邦威
风衣	99 ~ 139	120 ~ 290	160 ~ 190	169 ~ 199
薄外套	99 ~ 159	150 ~ 290	160	180
衬衫	89 ~ 99	140 ~ 185	90 ~ 120	110 ~ 135
T 恤	30 ~ 89	40 ~ 90	39 ~ 80	35 ~ 120
短裤	69 ~ 99	150 ~ 160	100	110 ~ 150
牛仔裤	99 ~ 129	160 ~ 220	140 ~ 160	99 ~ 180
休闲裤	99 ~ 139	170 ~ 260	99 ~ 160	99 ~ 180

如果说来自卖场的信息是感性的，那么经过统计后的销售数据与报表则是较为精确的判断工具。例如，销售总量、同类款式的同期销售比较、同一款式在各级市场上的销售记录等，都有助于对趋势的分析。自有品牌需要与各级零售商协调好关系，以便及时收集某一款式的销售记录。例如，西班牙服装零售品牌 Zara 有销售点情报系统（point of sales）。此系统通过货品条形码的扫描，可实时收集商店各类销售、进货、库存等数据。Zara 的每一位门店经理都拥有一部特别定制的 POS 机，通过这台联网的 POS 机，销售信息会实时地传送给设计师。另外，Zara 的每一家店

铺经理都有一部电子手账，他们既可为客人实时检查货品以提高服务质量，又可以实时将顾客的品位信息传回总部。在其设计部工作的设计师可实时获得这些信息，从而减少掌握潮流所需的时间。设计师更能实时设计出更合顾客口味的时装。

同时，品牌预测工作还要尽可能地了解竞争对手的销售情况，一些专门的分析机构是这类数据的来源。例如，中国市场情报中心可以提供有关服装市场的专项报告，中国纺织信息中心提供行业内的政策研究与行业数据的统计分析，一些数据会在专业杂志、网站等媒体上登出（图4–11）。

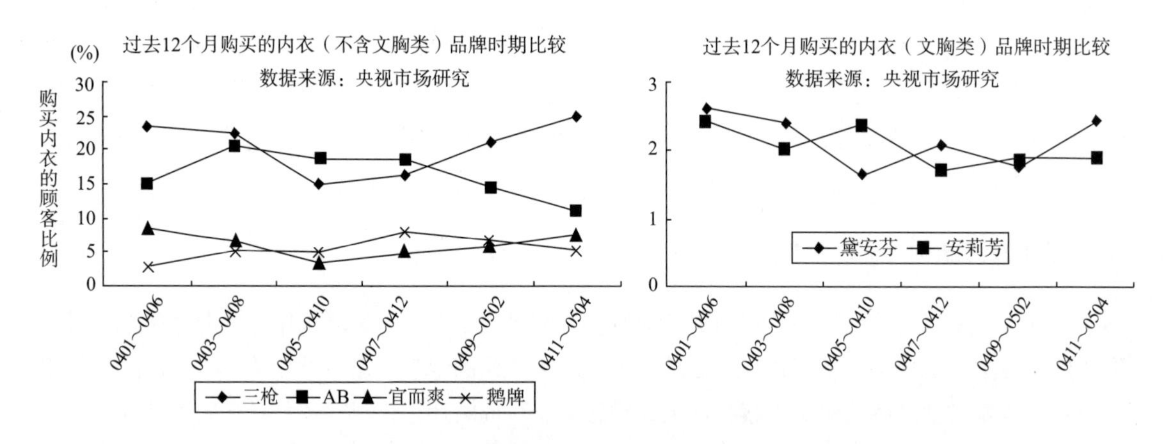

图4–11　苏州某内衣品牌销售数据的统计与分析

二、消费者的信息收集

有关消费者的信息收集与分析是进行趋势调查的重要部分，通常会通过调查表、调查访谈、图像拍摄等方式获得直接的信息，同时可以通过与经济相关的研究组织做出的数据与结论获得信息。

（一）街头扫描

街头流动的人群是观察某个区域流行的直接印象，也是采集某个区域消费者信息的第一手资料。这里也包括对这一区域的大型服装售卖场所的观察，如大商场里的服装品牌状况、自营店风格状况等，对这些信息的观察有助于对本区域街头风格的认识。

获得这些信息可以通过街头问卷配合随机摄像、摄影的方式。

街头问卷的设置要有一定的针对性，问题的设置要能够反映出调查对象对新的流行的了解，包括色彩、整体的风格倾向、样式细节等。表4–2[1]是对某一区域街头女性流行特点的调查问卷设置。

[1]《经营流行——对服饰流行传播的研究》，作者绍文艳。——编者注

表4-2 针对消费者（上海）的问卷

调查目的：1. 消费者对服饰流行的重视程度

2. 流行对消费者的影响力

3. 消费者对流行变化的心理接受能力

4. 消费者如何获取流行资讯

5. 消费者对媒体报道的流行资讯的信任度

6. 消费者对服装流行的综合认识

调查地点：__________

调查时间：__________

问卷部分

一、调查对象的基本资料

性别：1. 男　2. 女

年龄：1. 15～23岁　2. 24～32岁　3. 33～40岁　4. 41岁及以上

户籍：1. 上海　2. ________

工作性质：1. 管理人员及高级雇员　2. 普通雇员　3. 与流行相关的行业的工作人员（美容美发、时尚编辑等）
4. 事业机构工作人员　5. 学生　6. 其他

学历：1. 小学　2. 中学　3. 大学　4. 研究生及以上

收入状况：1. 1500元以下　2. 1500～3000元　3. 3000～5000元　4. 5000元以上

二、具体问题

AQ1. 您对服装流行感兴趣吗？

1. 是　2. 否　3. 无所谓

AQ2. 您希望把自己打扮得很时髦吗？

1. 是　2. 否　3. 不关心

AQ3. 您在选择服装时，经常为流行所左右吗？

1. 一直是　2. 经常　3. 偶尔　4. 从不

AQ4. 您买衣服时，习惯选择什么样的款式呢？

1. 前卫另类　2. 时髦别致　3. 大众流行　4. 朴实无华

AQ5. 有人说：服装流行变化太快，去年的衣服今年就过时不能穿了。您是否也觉得流行变化太快了呢？

1. 同意　2. 基本同意　3. 基本不同意　4. 不同意

AQ6. 您一般从何渠道获取流行信息？（多选）

1. 专业咨询　2. 时尚报刊　3. 时尚网站　4. 广播电视　5. 街头行人的穿着
6. 街头橱窗　7. 亲朋好友介绍　8. 其他

AQ7. 您信赖各类媒体对流行的报道吗？

1. 很信赖，它们能指导我评价和选购服饰（转Q8）

续表

2. 有参考价值，但不是总对（转 Q8）

3. 要看什么样的媒体（转 Q8）

4. 都是胡说八道，我从不相信（转 Q9）

AQ8. 对各类媒体流行报道的信赖度

1	专业时尚资讯机构	A 很信赖	B 信赖	C 一般	D 不信赖	E 很不信赖
2	著名服装设计师的选择	A 很信赖	B 信赖	C 一般	D 不信赖	E 很不信赖
3	著名品牌的服装秀	A 很信赖	B 信赖	C 一般	D 不信赖	E 很不信赖
4	时尚类报章杂志	A 很信赖	B 信赖	C 一般	D 不信赖	E 很不信赖
5	专业的时尚网站	A 很信赖	B 信赖	C 一般	D 不信赖	E 很不信赖
6	广播电视	A 很信赖	B 信赖	C 一般	D 不信赖	E 很不信赖

AQ9. 您认为服装流行最初可能是由谁发起的？（多选）

1. 流行预测机构　2. 服装设计师　3. 时尚编辑　4. 消费者　5. 街头青年　6. 其他

AQ10. 您认为以下哪三项对服装流行的影响最大，请从大到小选择三个序号：________________

1. 服装设计师　2. 名人明星　3. 媒体　4. 消费者　5. 流行预测机构　6. 其他

AQ11. 您认为是高级女装或者说是高档的一些品牌在引导着服饰的流行吗？

1. 是的，高档品牌服饰比较时尚

2. 不是，越是大众品牌越走在流行的前沿

3. 一般而言是这样

4. 很难说

AQ12. 您觉得上海人的穿着时尚吗？

1. 很时尚　2. 时尚　3. 一般　4. 不时尚

AQ13. 能否谈谈您对服装流行以及流行传播的看法？

____

____

____

街头抓拍可以生动地记录该区域的流行特点以及与整体流行的吻合度，以便在随后的报告中支持自己的判断和建议（图 4–12）。

（二）价值观与生活态度的观察

在创造一个新品牌或是推广新样式之前，对于消费者价值观与生活态度的观察是相当重要的。第一章中有关生活方式对流行的影响反映了人们的生活方式深切地影响着人们的穿着。消费

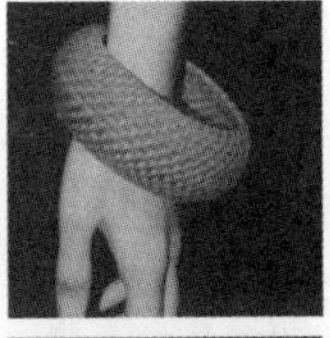
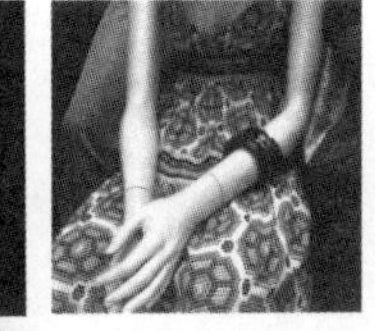

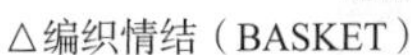
△编织情结（BASKET）
粗犷的编织感在本季大放异彩，无论是针织上衣还是皮革配饰，仿手工编织的设计随处可见，洋溢着浓郁的乡村情结与自然风情，在城市的繁华中展现本真与自我
EPISODE-STUDIO
SISLEY
MI-TU
JESSICA

△抽象印花（ABSTRACT PRINTS）
大印花图案，灵感源自立体派绘画和怀旧计算机图像
MISS SELFRIDGE
MONSOON
OASIS
ROCKIT VINTAGE

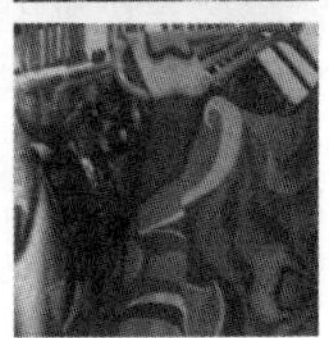

收集当季各品牌相同主题元素的表现

收集街头流行穿着（2018/2019秋/冬）

图4-12 各种街头扫描印象

者的生活方式是严谨的还是休闲的，具有哪些特定的喜好活动，喜欢加入哪些社会活动等，都是新产品和新样式在宣传与推广时的决策依据。例如，具有传统家庭观念的消费者更愿意在实用性强、回报性高的产品上投资。而丁克家庭更多地放纵自己的消费行为，更愿意在个人嗜好、旅行、具有风格的家居用品、艺术品以及高品质的服装上投入更多的金钱。价值观与生活态度在服装风格中的反映如下。

1. 小资

“小资”生活是大学生们所向往的生存状态。62.7%的被访学生认为小资是“有一定经济基础，追求生活高品质”的一类人，而16.4%的被访学生表示小资是一类“注重生活细节，有生活情调”的群体。其具体表现为：在穿着上讲求一定的品位，但又不是最流行的服饰，因为他们要保留自己的个性；在饮食上，希望能吃遍新奇的食物，并且经常出入一些高档的餐厅、酒吧、咖啡店；在文化消费上，表现出一种怀旧心理，老唱片、经典电影是他们的最爱，更多的是看一些欧洲的文艺片，而对于国内引进的好莱坞大片却常常抱着漠视的态度；旅游是这个群体的共同爱好，但是地点的选择偏重于具有古朴民风的地方。

2. 新奢华主义风格

随着21世纪的生活观念与价值观念的反映，享乐主义者是20世纪末的重要消费群体，它的重要性如同嬉皮士之于20世纪60年代，雅皮士之于20世纪80年代。新享乐主义是享乐主义的进化和发展，这个群体是由新的社会财富滋生出来的。新享乐主义与享乐主义的不同之处在于处理个体和群体的关系上。新享乐主义则更加理性，他们主张享受奢华的同时也承担责任。他们崇尚个体的能力，并享受这种能力为自己带来的奢华生活，但这并不意味着他们对周围的人和环境漠不关心。相反，他们对全球环境和他们所居住的社区充满着关注并勇于承担责任。可以说，这个群体的存在直接导致了“新奢华”成为时尚的热点。具有新奢华主义风格的产品通常具有高品质、高性能和情感吸引力，其中情感因素是一般品牌区别于传统奢侈品牌最重要的特性（图4–13）。

图4–13　新奢华主义风格特点——奢华而低调、手工感

经济学家对于消费与价值观、生活方式的相关研究可以提供给趋势研究人员一些参考结论。表4–3中的20世纪90年代的研究结论，显示了美国与中国台湾地区价值观和消费行为明显不同的三个主流时代，他们人口总数60%，占购买量比例则更高。

表4-3 美国与中国台湾地区不同时代的价值观与消费行为比较

地区	时代名称	出生年代	占人口比例	核心价值观与生活态度
美国	成熟时期	1930 ~ 1945 年	14.0%	人生是一种责任；工作是一种义务；成功来自拼搏；休闲是对辛勤工作的奖励；未雨绸缪；理财就是储蓄
	婴儿潮时期	1946 ~ 1964 年	30.0%	人生体现个人价值；工作是一种刺激和探险；成功理所当然；休闲是生命意义所在；今天比明天更重要；理财就是花钱
	X 时期	1965 ~ 1979 年	17.0%	人生是多样化的；工作困难的挑战；成功来自两份工作；休闲让身心放松；对明天不确定但可处理；财物是个障碍
中国台湾地区	成熟时期	1940 ~ 1949 年	7.7%	空洞无根；移民；崇尚西方物质生活；关注健康和家庭；节俭、贪图便宜；简单事业，长期经营
	婴儿潮时期	1950 ~ 1964 年	23.1%	爱拼才会赢；崇尚名牌和流行；家庭至上；英雄主义及怀旧；终身学习
	X 时期	1965 ~ 1979 年	30.0%	对抗旧时代；冒险及挑战人格；善用媒体；多元文化与个性；工作团队成为应变的最佳组织；复杂发明的简单应用；外语与学习；轻松做梦的娱乐商机

（三）消费层次

人们下班后的日常生活大多包括：逛商厦、超市购物、旅行度假、在麦当劳吃“巨无霸”、观看球赛、浏览时装杂志、欣赏电视连续剧等。人们觉得这些都是休闲，而政治经济学把这些活动视为与生产相对的消费。可是，现在的一些社会学家经过深入分析，发现这些活动其实是一种生产。

“消费是生产”的理论源自法国著名社会理论家布西雅（Jean Baudrillard）。在他建立的概念体系中，他提出了符号价值。在这个符号价值的“王国”里，个人消费的商品越珍贵，其地位就越高。所以，大众是通过所消费的商品等级和享受服务的品牌等级而获得社会等级的。在一个与陌生人交往的社会环境中，你消费之前没有谁能够对你进行定位。你像王子一样消费的话，你就能得到像对待王子一样的看待，你也能体会到如王子一样的感觉。因此，趋势预测工作者对于消费者消费层次的调查与分析同样是新产品创造与推广的基础。

目前我国社会的消费广义上可以划分为三个层次。最低一个消费层次是只看重实用，即实物的用处，以维持基本生存的需要。第二个消费层次意在商品的含金量，证明自己的购买能力，以炫耀自己的富有。最高的消费层次是突出商品的符号价值，即商品的文化内涵，以表现自己的个性和品位。以饮食消费为例，实用性消费以经济实惠为宜；炫耀性消费以贵为标准，乃至于膨胀到吃金粉席；风格性消费可能会以个人对健康、环保等观念为依据安排饮食，对贵或便宜的考虑或顾虑都在其次。第二层次克服了第一层次在物资上的局限，第三层次既扬弃了第一层次的物资局限，也修正了第二层次在文化修养上的弊病。

这三个消费层次的形成是时代的产物。在20世纪80年代以前的近30年里，我国社会的消费是非常单调的，人们大多以同样朴素的心态购买包装设计十分简单的物品，基本上不会追求以消费的差异来显示自己高人一等。当时的意识形态、生产技术发展水平以及个人的收入水平都限制了人们在消费上的选择余地。

20世纪80年代后，一批人首先富起来了，他们为张扬自己的经济实力，极大地推动了高档消费品或奢侈品市场的发展。于是，炫耀性消费在生存消费之上迅速崛起，一浪高过一浪的时尚冲击着多年一贯制的生活方式，昂贵和豪华成为领导社会的消费属性。这是典型的暴发户心态的消费。中等以及中等偏上收入的家庭和个人因为仰慕这种消费，也会不失时机地风光一把，因而也助长了炫耀性消费。这个层次也包括在满足基本实用需求的基础上追求基本精神需求的人群，如在物质能力可以的情况下按照自己对美的理解模仿时髦群体的穿着，虽然装扮缺乏整体感或是色彩不协调，但自我感觉很好。

到了20世纪90年代，特别是最近几年，越来越多的有钱人具备较高的修养和品位，风格性消费逐渐从炫耀性消费中萌生出来。成熟的消费者根据自己的个性以及对自身形象的预期选择商品，首先看重的是商品的文化内涵或风格属性，而不是商品的含金量或华贵感。

从解决温饱问题的消费到表现个性的消费，从生物性驱动的消费到更加富于社会的、象征的和心理的现代消费，这是我国当代社会的一个重要转变，也可以说是一场消费革命。但是，这场革命并没有完成（图4-14）。目前，这三种消费的社会分布呈金字塔形，也就是说，注重占绝大部分的实用性消费是塔底，炫耀性消费的分量次之，而风格性消费只是塔尖而已。这种格局的改变只有取决于社会富裕的普及程度和公民的文化修养水平的同步提高。

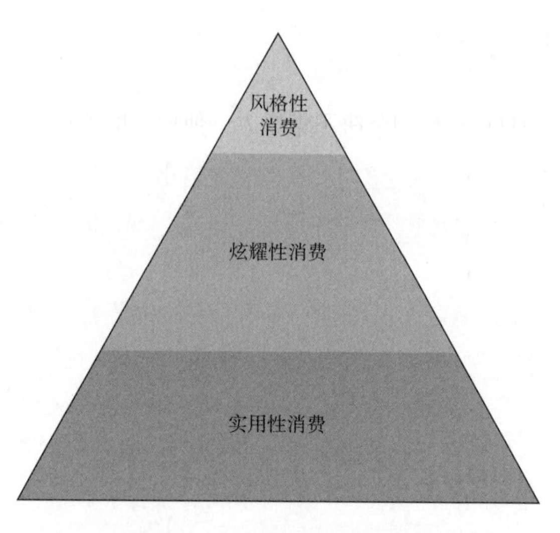

图4-14 中国消费格局示意图

一些大公司对消费者的调查是趋势工作者收集数据的重要来源。例如，每半年一次的AC尼尔森（ACNielsen）全球在线调查是规模最大的消费者信心调查中心。其调查旨在衡量消费者目前的信心程度、消费习惯及目的、目前主要关注的问题与对各种问题的态度和意见。调查对象包括欧洲、北美洲和拉丁美洲、亚太地区、非洲和中东的42个地区市场在内的超过23500名固定的网络用户。国内也有许多专门的调查公司，如零点调查公司。

针对自有品牌，公司信息部或是销售部同样也要经常进行针对消费者消费倾向的调查研究，可以通过座谈和调查表的形式获得第一手资料。

（四）人口数据调查

人口统计资料可以从政府相关部门的网站（www.chinapop.gov.cn）、图书馆、某些贸易与消费杂志的研究部门、市场营销专家等渠道获得。

对流行造成影响的人口统计因素包括：出生率、年龄分布、平均每户人口数目、家庭收入数据、单身或未婚情侣的收入情况、人口迁移、文化融合情况等。例如，出生率的增加可能带来婴儿服装的需求，而老龄化人口的增加也可以使特定服装的市场繁荣。单身者收入的增加这可能造成新的流行动向。

这些基本资料可以帮助趋势工作人员找出新的消费趋向。

1．雅皮士

《牛津字典》中把其解释为在城市工作的年轻的中产阶级人士，是美国20世纪80年代的中坚人群，就我国而言，是20世纪90年代后期新兴一族，他们通常也是高薪的挥霍者。该群体年龄多为25 ~ 44岁，受过良好的教育，修养儒雅，有学者风范，没有颓废情绪但不关心政治与社会问题；生活优雅，衣食住行、言行举止异乎常人而略显前卫，但不另类；职业优越，收入丰厚，享受生活，追求品牌。

2．泡客族

21世纪的新群体，也是存在于后白领时代。这类人群有明确的目标，完整的职业生涯规划，有广泛而高质的人脉，有个人魅力，拥有一份高薪工作，是追求健康、优质生活的年轻人的统称。他们的理念是“轻松工作、快乐生活”。他们出入高档写字楼，没有奇装异服，没有惊人的举止，不追求所谓名牌服饰，只选择有品位且能突显气质的服装；他们每个人都极具个性，却不意味着不能合群，他们经常聚集在一起，交流观点；他们谈吐高雅，言行举止间流露出一股强烈的自信；他们坚决不做酷人；他们文明善良，热衷公益，极具亲和力；他们从不花天酒地，铺张浪费，但懂得享受优质生活。

3．哈韩族

“哈”是台湾青少年文化的流行用语，指“非常想要得到，已经近乎疯狂程度”。“哈韩”是指狂热追求韩国的音乐、影视、时装等流行娱乐文化，在穿着打扮和行为方式上进行效仿。该群体年龄多为15 ~ 20岁，主要以中学生为主，大学生也占有一定的比例。

三、媒体的信息收集

相当丰富的媒体信息，是获得资讯快捷而有效的手段。21世纪传媒的高度发达使流行传播的速度变得直接、快速。期刊、书籍、影片、网络等提供的信息，几乎囊括了服饰流行行业中各个层面的相关信息与知识：对流行信息的研究与报道；揭示流行时尚的内幕；建议最新流行的时装与时尚的穿戴方式；对过去流行的总结，预测未来流行趋势；评论各大品牌、设计师、社会名流明星的最新动态；介绍商家的运营与发展状况以及时装界的各种大小事件等。

（一）出版物

出版物是流行信息主要的载体之一，在流行的传播过程中担任极其重要的角色。服饰流行时尚的出版物根据消费群体可分为：针对流行行业人员的专业出版物和针对大众消费群体的消费杂志。其他相关时尚行业的期刊，如广告、室内设计、产品设计等方面的期刊以及有关经济的报纸，对于流行趋势预测者同样重要。

1. 专业流行资讯刊物

一种介于期刊和图书之间的特殊专业刊物。专业流行资讯刊物往往因其超前的资讯所传递的无形价值而具有超高的市场定价。这种高定价不适于大众流通渠道，其目标顾客很专业，也非常具有针对性。目前，市场上可搜寻到的服饰流行资讯刊物很多，分类很细，大致有以下三种。

（1）专业流行趋势研究机构发布的一年两次或四次的流行趋势报告（图4–15、图4–16）。例如，各国流行色、面料等研究机构的出版物以及第三章第五节中介绍的权威预测机构的出版物，见表4–4。

图4–15　专业流行资讯刊物（色彩预测与图片集锦）

图4-16 专业流行资讯刊物（趋势设计手稿）

表4-4 常见的专业流行资讯期刊

期刊名称（外文名 / 中文名）		内容简介	出版日期	出版国家
色彩预测与报告	*PROVIDER*/《色彩展望》	对未来四个季节的色彩、原料、设计、款式进行趋势预测，并有市场报告以及分析消费者的行为对未来纺织、服装市场将造成的影响	一年四期 3月、6月、9月、12月	法国
	TTEND 3 COLOR/《流行色预测》	在欧洲、美国和其他地区的时装色彩分析的基础上，对下一年度的国际男装和女装流行色趋势进行预测。分别用前卫、纱线和纯棉织物对色彩进行直观反映	一年两期 6月、12月	日本
	THE MIX/《流行色卡》	专业色彩研究机构，提前一年半预测时装（包括男装、女装、运动装）和室内装饰的流行色。每个主题下包括灵感图、流行色以及相应织物质感和色彩搭配	一年两期 2月、8月	英国
	《国际色彩趋势报告》	由中国流行色协会代表中国参加国际流行色委员会会议后编辑出版的国内唯一具有权威性的国际色彩流行趋势的专业报告	一年两期 1月、7月	中国

续表

期刊名称（外文名/中文名）		内容简介	出版日期	出版国家
面料款式趋势预测与手稿	*VIEW TEXTILE*/《纺织品展望》	国际权威期刊。全面报道色彩、纱线、面料、印花及服装趋势，并有世界各大纺织、服装展的展会报道	一年四期 3月、6月、10月、12月	荷兰
	TEXTILE REPORT/《纺织品报道》	来自PV展会和Expofil展会的第一手纺织、服装信息。主要内容包括女装、街头时尚、设计师发布会、款式、色彩、面料、印花趋势、展会报道	一年四期 1月、3月、6月、9月	法国
	COLLEZIONI TRENDS/《纺织品趋势》	报道国际纱线和面料趋势，包括趋势主题、灵感图、色彩和织物趋势，展会报道和来自趋势发布会、国际纤维制造商、织造商、印染商和贸易商的新闻动态	一年四期 2月、3月、7月、9月	意大利
	《纺织品服装流行趋势展望》	系统提供从流行色彩到纱线、从面料到辅料、从款式到配饰、从市场营销到生活风尚等全方位趋势研究和流行资讯的专业杂志	一年六期 1月、3月、5月、7月、9月、11月	中国
	KNI TALERT/《毛衫织物手稿》	介绍针织趋势的刊物，从纱线趋势到流行色及款式均提前一年进行预测，并配有实物面料	一年两期 2月、8月	法国
	Promosty公司各类手稿	提前18个月提供包括男士、女士、儿童、专题等各类预测款式手稿。版本分英、法文版本，配有日文摘要	一年两期 5月、11月	法国
图片集锦	*COLLECTIONS WOMEN'S TRENDS VISUAL MAP*/《女装集锦（预测版）》 *COLLECTIONS MEN TRENDS VISUAL MAP*/《男装集锦（预测版）》	集合发布会的图片信息，经过专业人士的比较、分析、整理和相应的市场调查，从中捕捉到下一季的流行元素	一年两期 4月、11月 （女装） 3月、9月 （男装）	日本
	FASHION TRENDS-FORECAST BOOK/《女装款式集锦》	综合各大知名品牌的最新时装发布会信息，经过分析、整理、归类和相关的市场调查，提前一年对下一年度的流行趋势进行预测	一年两期 5月、11月	德国
	BOOK MODA UOMO/《男装》	最新时装及成衣发布会图片集锦。采集各品牌最新时装发布会信息，快速对下一季男装流行趋势进行预测	一年两期 3月、9月	意大利
图片集锦	*MAILLE MAILLE*/《女装针织毛衫设计指南》	针织领域著名专业期刊。分类介绍国际设计大师最新设计的毛衫款式，并在此基础上进行变化，从纱线、流行色、面料、款式、细部设计等方面进行预测	一年两期 4月、10月	日本
	COLLEZIONI/《国际女装流行趋势》	*Collezioni Donna*的完整中英文对照版，报道巴黎、米兰、纽约、伦敦时装周，介绍女装成衣流行趋势	一年六期 4月、5月、6月、10月、11月、12月	中国

（2）专业设计工作室根据未来一段时期内的流行发布做出的设计作品或设计师手稿。专业设计工作室主要有两种：一种是个人设计工作室，另一种是国际性的设计工作室，如巴黎娜丽罗狄设计事务所（Nelly Rodi Paris Agency）、巴黎佩克乐思集团（Peclers Paris）、法国巴黎卡兰国际风格设计公司（Carlin International）等。这些国际性的设计公司面对业内人士出版的时装趋势手册至少提前半年已经将下一季的流行色彩、廓型、风格、配饰、细节进行详尽的描述，这些趋势手册中甚至还附加下一季的主流面料。例如，巴黎娜丽罗狄设计事务所的趋势手册是由一个独立的

专家团队来完成。每年 10 月，这个经纪公司会提供 18 种风格的形象，公司严格挑选与之合作的行业专家。这些专家需要有预测未来的独特眼光，而非依靠现有的媒体或者个人的判断。这些预测者们从时装秀、艺术活动、展览、文学或社会现象中提炼那些在未来会影响消费者及其生活方式的元素。一个在纽约大都会博物馆引起轰动的新艺术主题展，或许就会让设计师们在下一季重回到 1900 年。这些理论和观察一旦成型，需要的就是找摄影师和插画师将它们付诸形象，这样消费者在半年甚至一年之后才遇到的流行已经提前成型。这些消费者看不见的趋势手册，可以在很多设计师和服装公司的案头出现，但它们并不能垄断这个行业的创造性，尤其是那些有独立的面料开发能力及强大的设计师团队的大品牌和那些标新立异的独立设计师，这样的中间环节并不能完全左右他们的设计。

（3）由图片公司、个人或其他组织汇集的发布会图片集。例如德国的《女装款式集锦》（*FASHION TRENDS-FORECAST BOOK*），综合各大知名品牌最新的时装发布会信息，经过分析、整理、归类和相关的市场调查，提前一年对下一年度的流行趋势进行预测。

2. **时尚期刊**

时尚期刊包括专业时尚期刊与各种大众类时尚生活期刊。

顶级时尚杂志，如诞生于美国并风靡世界的 *VOGUE*、*HARPER'S BAZAAR*，法国的 *ELLE*、*L'OFFICIEL* 以及日本的《装苑》等。*ELLE*、*VOGUE* 和 *HARPER'S BAZAAR* 是目前为止地区版本数最多的时尚杂志，都已有了中国版本。*ELLE* 杂志于 1988 年进入中国，是首家获得官方正式许可在中国发行的国际性杂志；*HARPER'S BAZAAR* 在 2001 年 10 月推出中国版的《时尚芭莎》；*VOGUE* 在 2005 年 9 月推出中国版第 1 期。

专业时尚期刊有不同的专业分类，如服饰流行发布会资讯、男装设计、女装设计、休闲装设计、皮草设计等。例如，意大利版 *VOGUE* 已经派生出 *VOGUE BAMBINI*（童装）、*VOGUE GIOIELLO*（珠宝饰品）、*VOGUE PELLE*（皮革）、*VOGUE SPOSA*（婚纱）、*L'UOMO VOGUE*（男装）等子刊，每一本都成为该细分领域的精品，扮演着权威传媒的角色。

各种大众类的时尚生活期刊随处可见。例如《昕薇》《服装设计师》《瑞丽服饰美容》《上海服饰》《时尚》《流行色》《中国服饰报》等，其大众化的时尚版块、娱乐性的编排方式、时效性的流行信息捕获了相当数量追求时尚品位的年轻读者。时尚生活期刊已成为传播服饰流行资讯不可忽视的重要媒介之一（图 4–17）。

杂志编导团队通常都是由一些有专业性、有影响力、有创意性而博学的人群组成。他们会研究流行市场，提供流行趋势信息；以生动活泼的语言方式传播流行趋势、解释流行时尚的内幕及时报道流行新闻；指明最新流行的时装以及最有效的搭配方式；提供过去的流行风格作为资料并且刺激流行创意的滋长；他们有时还进行消费者调查，分析读者的组成、兴趣与习惯、消费状况，甚至提供人口统计方面的资料给商家作为参考，同时也为与时尚相关的产品做广告宣传。

总之，这些杂志引导流行，为流行趋势推波助澜，是人们如何穿着、搭配、美容、旅行、健康生活等各种主题的最佳指导。专业人员如果运用得当，也是最能提供完整信息的一种来源。

3. **其他期刊**

流行是整体生活的反映结果，因此需要关注的是多方面的、多角度的。流行从业人员也要经

图4–17　流行资料来源——时尚杂志

常关注诸如艺术、家居、广告等相关行业的专业杂志，这些都可能对流行造成一定的影响。国际上许多成熟的出版物，如全球著名的英国先锋时尚杂志《i–D 闭眼睛》、全球室内设计领域发行量最大的美国杂志 *INTERIOR DESIGN*（《室内设计》）、英国出版的全球最佳消费电子产品杂志《未来技术》（*T3*）等。在中国，目前这类杂志独家享有美国 *ADVERTISING AGE* 中文版权的有《国际广告》《艺术与设计》《DECO 居家》《完美居家》等（图 4–18）。

我们也需要每天关注新闻、经济等方面的信息，保持每天阅读当地报纸是很好的习惯。一些商业性的报纸杂志或一般日报的商业金融版块也需要关注，这些可以了解目前的经济大环境，还可以了解到商业界的营运状况及对某些公司的竞争能力做出正确的判断。例如，《经济观察报》涵盖了综合性的新闻、商业、财经、观察家、生活方式、商业评论、地产观察等多个方面，表述方式富有情感和价值判断，让读者获得阅读快感，增强吸引力。2007 年《经济观察报》与英国杂志 *TANK* 合办，3 月初推出《EO：经济观察报时装增刊》，而《21 世纪经济报道》则将新闻事实搜罗得更为全面。

（二）网络传媒

21 世纪是一个网络信息的时代和多媒体的时代。网络媒体已成为真正意义上的全球化媒体，实现了全球化的信息传播。传播最流行、最新锐、最前卫的服饰流行资讯也成为网络媒体的重要功能之一。网络以其近乎同步的图、文、音、像等表现手段赢得了一大批时尚人士的追捧。

现在，传统贩卖“时尚”的机构也受到来自网络的挑战。很多老牌代理公司还在以时装手册来销售他们的预测，而创办于 1998 年的 WGSN 已经用互联网工作了近十年。“速度是关键”，这个网站的主编罗杰·特瑞德烈（Roger Tredre）说。这个专业网站针对的是业内人士，互联网的信息传播迅速地提高了时装业的运作速度，尤其对于“快速时尚消费”著称的品牌来说，他们近十年以来在全球的扩张，几乎与互联网的发展同步。在互联网上还出现了一些时尚专业网站，如创

图4-18 其他报纸杂志

立于2001年的www.style-vision.com，这个网站每两个月会提供一份趋势报告。新的网站并不强调自己有专家团队，而是以消费者为导向，迅速提炼街头时尚和消费者需求，并将这些资料提供给时装公司，两个月一份的趋势报告几乎是强迫性地加快了时装面市的周期。与半年发布一次时装周推出的奢侈品牌和设计师品牌的报告相比，新兴网站的趋势报告与Zara这样的以“快速时尚消费”著称的品牌以周计更新时装的速度更为合拍。

就网络传播而言，服饰流行资讯也分不同种类。

1. **专业的咨询网站**

网站不仅发布最新的（包括近几年的）流行趋势，而且有服装设计大师近几年及下一季的最新发布作品，还包括与时装相关的大师名家、顶级品牌、时尚名品等内容。包括专业的趋势预测机构的网站、时尚杂志及专门提供服装网络资讯的网站。

2. **BBS上传播的服饰流行资讯**

专业BBS的分布比较广，除了专业网站的BBS、普通大众的流行网站以外，各时尚期刊、报纸的网站上也会设有专业的时尚或服饰论坛，见表 4-5，如中国纺织信息中心的中国纺坛（bbs.ctic.org.cn）。BBS 上发布的流行资讯较为随意，但也在一定程度上反映了未来流行的发展趋势。

表4-5 流行信息网址

名称	网址
法国 Promostyl 时尚咨询公司	http://www.promostyl.cn
美国棉花公司	http://www.cottoninc.com
美国 Fashion Snoops	http://www.fashionsnoops.com
英国预测机构 WGSN	http://www.wgsn.com
中国纺织信息中心	http://www.ctic.org.cn
提供服装网络资讯	http://www.style.com
	http://www.firstview.com
	http://www.catwalking.com
	http://www.wwd.com
	http://www.pop-fashion.com
	http://www.fashionresource.com.cn
	http://www.trends.com.cn/fashion
	http://www.yacou.com
时尚杂志	*VOGUE* http://www.vogue.com.cn
	HARPER'S BAZAAR http://bazaar.trends.com.cn
	ELLE http://www.ellechina.com

（三）影视媒体

影视与时装如影随形。电视与电影能够影响人们的感受能力，影响甚或间接决定人们的选择，特别是当人们与影视所表达的想法观点产生共鸣时。

流行趋势研究人员除了要经常关注影视的潮流动向，关注最新受大众关注的影视剧外，还要从一些电视节目中了解最新的服装动向。由于受到各种限制，从业人员特别是国内人员，常常由于资金的限制难以收集到最新的国际信息，而这些电视栏目可以提供这方面的资讯。

法国 Fashion TV 电视频道，全天 24 小时播报与服饰相关的节目，包括过去的与最新的时装秀。

凤凰卫视中文台自 1997 年开始，周一至周五每晚 20：40 ~ 21：00 的“完全时尚手册”是关于时尚生活的节目，范围涉及时尚生活的各个方面。“天桥云裳”周一关于服饰流行，周二关于时尚家居，周三关于科技电子产品，周四关于艺术生活（包括服饰配件），周五关于汽车。

中央电视台经济生活频道，“第一时间”栏目与午间新闻中常有一些时尚新闻，包括科技、艺术等各个方面，对世界四大时装周都有及时、简短的新闻播报。每年的 CCTV 模特比赛、服装大赛等都首先在此频道播出，包括中国的流行趋势电视发布。

电视频道通常都有关于时尚的大众性栏目。

四、区域文化的观察

每个区域都有自己独特的风格，对于不同区域的文化特点、建筑、街道、商店、饮食特点、人们衣着方式、一般的消费水准、审美意识等各方面的观察，有助于培养对趋势的理解或找出区域性趋势的要点。

我国地域广阔，各少数民族区域都具有特定的服饰文化。以区域为基地所生产的服装产品也有着明显的差异，通常有四个派别：以北京为主的北方地区为讲究洒脱稳重的京派服装、以广深为主的华南地区为突出女性柔婉的粤派服装、以上海为中心的长江三角洲地区尽显俏丽华贵的沪派服装（又称海派服装），还有以武汉为基地的华中地区穿着端庄大方的汉派服装。

区域的文化特色在服装整体风貌与设计细节中可以观察体会到。上海的唐装时尚、修身，在中式风格中加入了许多国际元素、时尚元素、个性元素，甚至一些趣味元素，除了表现一种时尚感与优雅感，也有些“风尘”味道（图 4-19）。而北京更追求唐装所表现出的文化味道，最早接受唐装的是一些艺术家，且男性消费者比例较高。京味风格的唐装在面料选择上更加钟爱棉、麻等自然、舒适的面料，简洁中讲求舒适，舒适中还体现出十足的文化味。

图4-19　不同风格的中式服装

对于城市整体着装风格的观察，是开发本地区切合消费习惯与特色的有效方法。北京、上海和广州，作为中国三个最时髦的城市，一直主宰着时尚的动向，观察三地女性的日常穿着与生活习惯，却可看出相当大的差异。

上海女性普遍热衷名牌服饰。作为国际性的时尚都市，上海有许多国际品牌店。上海女性十分用心，对于穿着打扮，讲究整体的穿戴效果。有钱人自不用说，普通市民也试图通过打扮，来打破身份和地位的界线。从总体上看，上海女性的整体装扮属于典型的“淑女”风格，而在晚上会装扮得更为时髦。

广州在历史上就一直是通商口岸，时间长了，对外来时尚也就见怪不怪，没有上海人那么兴奋。相比穿着，广东人更讲究吃，早茶、下午茶、夜茶是广东人一天下来必备的生活习惯。广州本地女性的装扮，总体上属于“简朴型”风格。她们图方便与舒适，通常是牛仔裤、T 恤，走起路来风风火火。经常购买的品牌可能是佐丹奴或者堡狮龙。广州人中也有很讲究穿着、很前卫的，多数家里与中国香港、新加坡、泰国等国家和地区有些渊源。很多国际品牌如 Givenchy、Armani、Versace、CK 等是东莞或珠海等地制造的，有许多外贸店专售正品尾货，淘衫者中很多是白领，还有不少在我国台湾、香港及新加坡等企业中任职的女性。

北京作为政治中心、文化中心，云集了影视、美术、音乐、文学等文化时尚，但在普通大众的日常生活中并不普及。时髦是少数年轻人及从事时尚专业人士热衷的事物，本地女性通常显示出一种淳朴、大气的特质。

第三节　流行趋势预测的信息分析与提炼

从各个领域收集了种种流行信息以后，趋势预测的工作才刚刚开始。最为关键的工作在于如何将这些无以计数、千头万绪的资料进行汇总，并加以分类整理，最后确定自己的流行主题以及撰写出流行报告，以作为生产商新一季产品的开发依据或者零售商采购时的决策参考。有效的流行报告应该具备两方面的内容：定性内容与定量内容。通过对于定性内容信息的分析可以确认流行的种类，而通过定量内容的分析可以确认生产者与零售业者需要给予支持的程度。

一、定性内容分析

（一）辨别流行要素

每个季节都有数以万计的服装，如果没有足够的辨别能力，可能会被这些排山倒海的信息所淹没。因此需要对服装流行要素加以分类与辨别，这些流行要素包括：色彩、轮廓、面料以及风格与细节。通过对这些元素的分析来确定将要在报告中展现的定性内容。

1. *色彩*

在讨论与报告色彩时，必须能够精确地描述色彩的含义与强度。

需要分辨色彩微妙的差异，例如：

蓝色——亮蓝、湖蓝、灰蓝、宝石蓝、蓝绿、墨水蓝、海军蓝等。

粉红——浅红、玫瑰红、桃红等。

褐色——象牙色、驼色、咖啡色、沙砾色、焦糖色、焦橙色等。

平淡的红色、绿色、粉色以及蓝色已远远无法准确地表现眼前的一切。例如，用“颓废的淡黄绿色”形容苦涩神秘的低调之美，而闪耀着化学元素般光芒的“钴蓝色”也比古板的“皇家蓝色”更有冲击力。

同时，需要仔细感受依附于面料的服装色彩。对于不同的服装材料，流行的色彩还具有明暗、光泽等方面的特点。例如，所观察的色彩是灰暗的还是明亮的；是混浊的还是清澈的；是具有透明的感觉还是湿漉漉的感觉；是珍珠光泽的还是金属光泽的或是亚光的。

当然也需要整理出同一色系的持续表现。从国际流行色发布到街头观察，还会发现某个色系在不同的季节里都有出现，但其色调会有或细微、或明显的变化。例如，红色在2007年初倾向于珊瑚色调，在夏天变为不同深浅的粉红，并带有橘色光，到秋冬季节更为浓烈，如正红、大红。

对于寻找出来的流行色彩，命名要赋予感性化的特点，既要精确还要具有情感。有关色彩用相当科学的方法来衡量。例如，孟塞尔色立体色彩记号 HV/C（色相、明度 / 纯度）——红 5R4/14、黄 5Y8/12；奥氏色立体中色彩表述为色相号 / 含白量 / 含黑量。但是一个精确到 99.88% 的黑，不会产生任何意义上的流行，而阴黑、黑灰这样的名称则具有某种含义，使人产生某种想象。

2. 轮廓

对于服装造型，轮廓是服装的整体外形。轮廓是服装设计的第一步，是后续设计工作的基础，也是对于流行风格观察的第一步。

例如，20 世纪 50 年代被称为“形的时代”，有郁金香形、沙漏形、方形、X 形等；2006 ~ 2007 年，复古的服装轮廓成为流行主流，从茧形至方形，各种清晰的轮廓显而易见。

对于轮廓的观察要有提炼与概括的能力，用抽象的几何造型来概括出服装外形。可以通过不断的训练来加强对服装外形的辨别能力（图 4-20 ~ 图 4-22）。

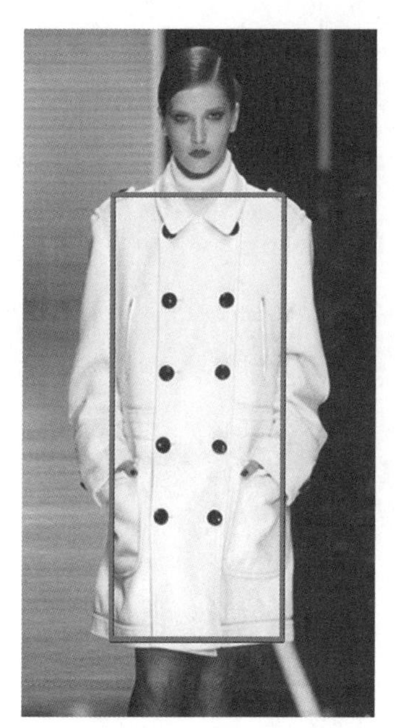

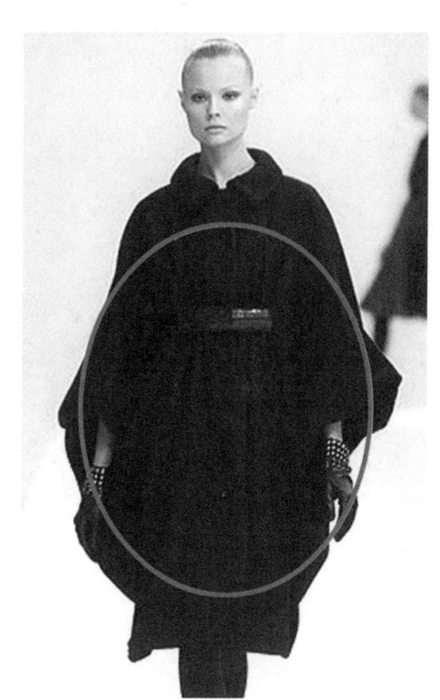

图4-20 基本图像的提炼（方形、三角形、圆形）

对轮廓的掌握能够很快地把握住流行印象，短小的轮廓能够营造活泼的气氛，而顺滑的曲线能够体现出女性的优雅。

3. 面料

面料对于服装，就像砖块水泥对于房屋。服装的色彩和轮廓都要通过特定材料的设计与加工才能真正完成。要从面料的各个特性来把握当前面料的流行特点及可能持续的因素，并不断挖掘

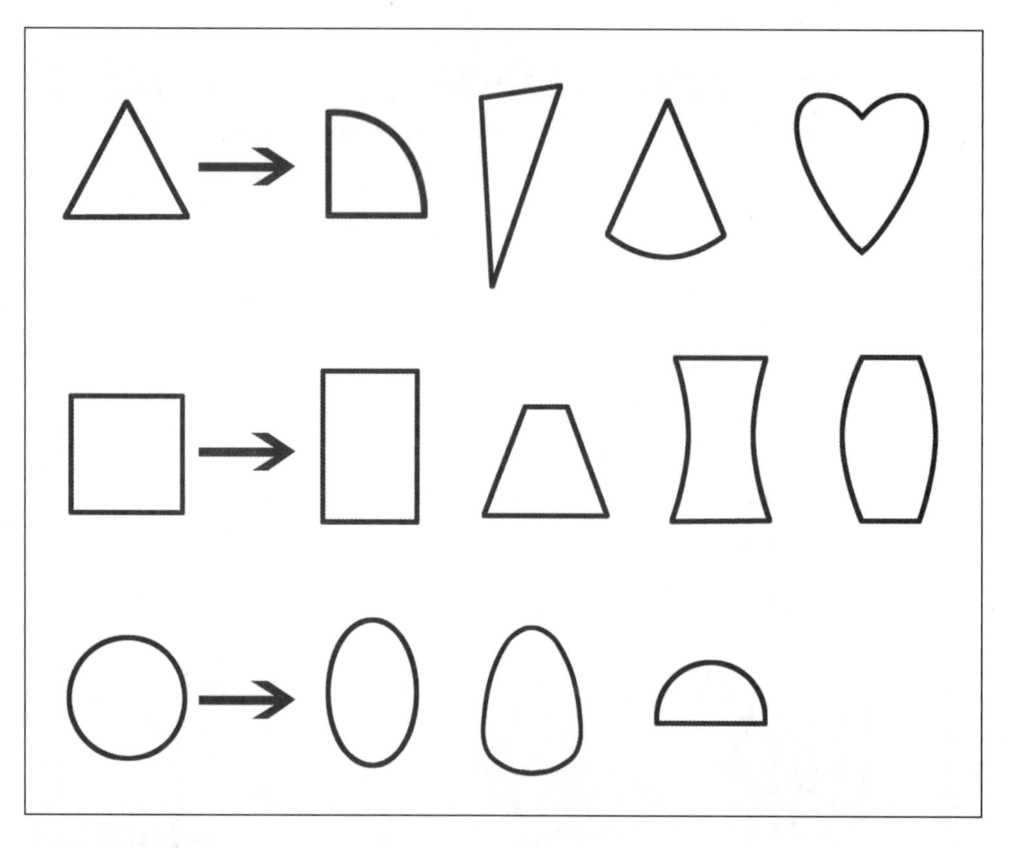

图4-21 基本图形的变化

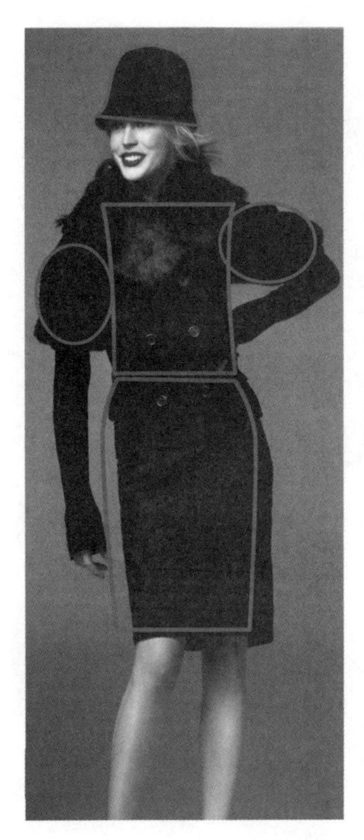

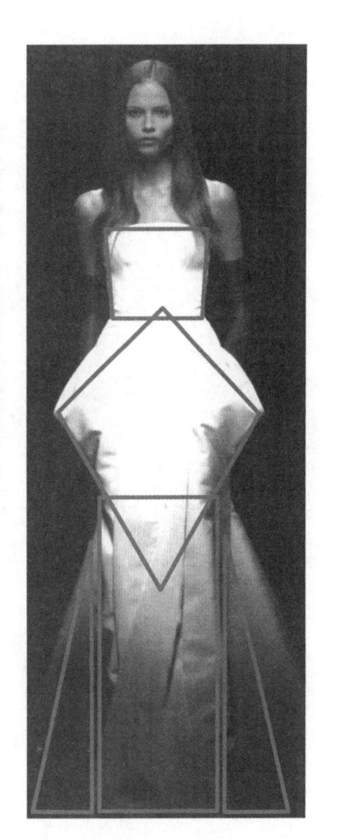

图4-22 基本图形及变化图形的组合观察

新的着眼点。服装最后所呈现的面貌，都是来自面料的各种特性的不同组合。

（1）原材料：面料的成分是天然的或合成的，还是其他材质如皮革、毛皮、金属、塑料等更抢眼一些的，再或是纳米技术的新材料。

（2）织法与质地：不同的织法会有不同的外观效果，如平纹具有朴素的外观效果，缎纹显得更为华丽。后处理的方法可以使面料呈现出更丰富的效果（图 4-23），如砂洗使织物的手感与色彩更为柔和，丝光使棉织物变得精致与华贵。应观察面料是光滑的占主流还是蓬松的更多些；是棉布外观感觉的，还是丝绸外观感觉的，或是金属光泽的；面料是透明的、半透明的，还是不透明的；是绣花的多些还是印花的多些，或是其他的如烂花、浮雕感觉；毛皮是微微卷曲的，还是如卷毛狗一样卷曲的，是手感软滑的美利奴羊毛、柔软舒适的人造羊毛混纺、蓬松飘逸的马海毛，还是名贵奢华的羊驼毛。

（3）重量：这是面料的一个重要特性。与服装轮廓的表达及质地的表现密不可分。轻的面料如薄雾般轻柔的丝绸雪纺、有点造型感的薄纱；厚重的面料如麦尔登呢料、针织双层面料等；中等厚度的面料如法兰绒等。

（4）图案：对于面料而言，图案可以形成直接的风格。例如，格子、圆点、几何、花卉图案，大的印花还是提花。这些都可以加强对服饰风格的印象。例如，2004 ~ 2005 年流行的波希米亚风格，可以观察到许多带有民族风貌的印花图案与带有俄罗斯风情的火腿纹。

新马海毛　　Agugliati技术　　褶皱效果

新马海毛：这是由Miuccia Prada独家研创出来的新材质。选用安哥拉山羊毛，经过水洗、压缩、拂刷等处理，让它产生绒毛的效果，然后将面料送到印染厂，手工喷树脂并加以高温，使树脂熔化在面料上，形成一层薄膜。在面料处理完成后，设计上就只需配合简单的式样就足够精彩

Agugliati：指的是由"针"而来，这是一种独特的编织技术。它将两种不同的物料相互穿插交织而成，从而获得别出心裁的幻色效果

褶皱效果：这是利用高级定制的工艺，以提花织法将丝织物渐渐地隐藏在羊毛面料中，然后以弹性物料穿插其中，配合高温处理、收缩直至产生特殊的褶皱效果

图4-23　具有特殊表面装饰效果的新面料

4. *风格与细节*

对最新的T台秀观察时或是搜寻服装市场时，注意服装的细节变化非常重要。每个季节的细节都有或明显、或不明显的变化。这些细节包括领口线、袖子、腰线、裙摆、口袋、腰带装饰、绣花、皱褶、纽扣、开衩、蝴蝶结、折边等。例如，高腰线的连衣裙在这几个季节都很流行，但在下个季节是否还会延续，是会加强还是会减弱；皱褶从2003年的波希米亚到装饰风格再到当下的优雅风格，都是流行细节，但有不同的表现，有时会表现得十分夸张而强烈，有时又会比较含蓄，下一个季节又会如何。

除了对色彩、款式、面料与细节进行仔细观察外，还需要将这些信息整合，审视服装全貌，捕捉服装的整体印象（图4-24、图4-25）。每个时代都会形成一些特定的风格，如迪奥新风貌、嬉皮风格、太空时代等。例如，民族图案、繁多的配饰、夸张的皱褶、伞形裙摆等构成前几年的波希米亚风格；而当下由含蓄的色彩、精致的面料、明确的外套轮廓等呈现出优雅的整体风貌；灯笼裤、无袖罩衫、七分裤、蓬蓬袖、肩部造型构成20世纪80年代风貌。

留意细节——蝴蝶结是这一季的重点

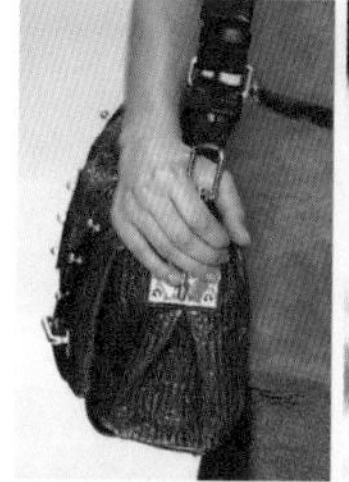     

留意细节——铆钉装饰是这一季的重点

图4-24 细节观察

风格再现——20世纪80年代的蝙蝠袖、短夹克、饱和色彩、长T恤配超短裙等元素被重新演绎（2007年春/夏）

风格再现——20世纪60年代的超短、几何、未来等元素被重新演绎（2007年春/夏）

图4-25 风格观察

（二）观察共同特征

要把握流行趋势的方向，对资讯进行概括，须找到大家一直关注的兴趣点（图4–26、图4–27）。例如，注意观察某个单一概念重复出现的情况，亚麻面料是否在不同种类的服装中都有表现；衬衫、外套、大衣都出现立领；不同款式中都见到不对称的设计；T恤、衬衫、外套、连衣裙都出现七分袖的款式；茧形轮廓是否出现在外套、袖子、上衣、裙子上；皱褶装饰是小碎褶、规律褶、自由褶等。

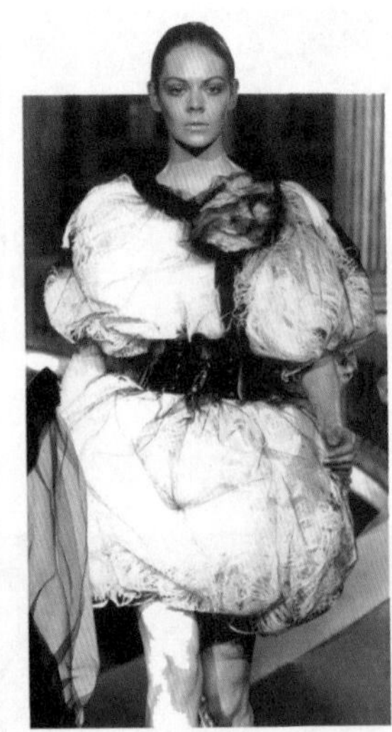

图4–26　特征观察——茧形轮廓出现在各个角落

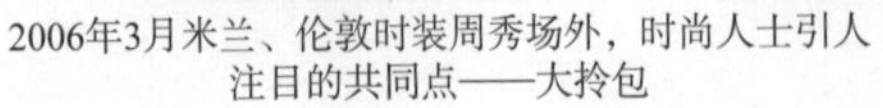

2006年3月米兰、伦敦时装周秀场外，时尚人士引人注目的共同点——大拎包

2007年春/夏宽松轮廓

超大轮廓的发展　　2007年秋/冬超大轮廓潮流

图4-27　特征观察——2007年超大概念

在对街头服饰进行观察时同样要不断总结，因为街头服饰是人们对流行风貌加以消化后呈现出的个人风格，是本地区对流行的表现。通过对共同特征的观察，可以为本企业决策做出十分有用的参考：总结流行趋势，提出新的发展方向，找到新的卖点。

（三）分析事件

通过对消费者市场的观察，需要从诸多事件的蛛丝马迹中寻找出消费者已经表达或者尚未表达的诉求点。

在迎千禧年的活动中，影响力遍及全球，表现了人们对新世纪的期盼。当大多数人都选择积极、活跃的生活方式时，一些易于移动的方便商品便会受到欢迎，因此设计师要针对这种趋势挖掘出能表达这种现象的服装趋势。例如，推出穿脱方便、多种用途的户外风格服装。当人们的运动方式由普及篮球转变到主要去健身房锻炼时，设计师则要推出外观与面料更为精致一些的运动服装。服装广告中一再强调性感元素，传统衬衫若是采用薄的或是透明的面料，可能会成为新一季的抢手货。服装广告应注意强调卖点、突出新意（图4-28）。不断地对各种事件分析与决策，流行意识会越来越敏感。

（四）对流行信息进行编辑

流行杂志的时尚编辑常常需要将信息精简到数页，电视媒体也需要将这些时尚新闻浓缩到几

图4-28 广告中强调领部线条

分钟。流行预测者同样需要做相同的工作，在将所有的资讯进行分析与归纳以后，需要进一步对资讯进行筛选，找出最符合特定企业目标的流行风格与新一季的促销要点。例如，现代人们需要多姿多彩的生活方式，七匹狼男装双面夹克的广告中便展示了这一生活概念，同时也展示了服装的功能性。

（五）确定主题表述

主题是所有促销活动的中心理念，是捕捉季节趋势的大纲，同时也是引起消费者关注的手段。主体的表述必须要简单明了，如流行合身短小服装时报道“选择需要小一码的”。对于20世纪60年代风格的流行报道与总结——未来主义、迷你风潮、男孩风格、摩登波普。

二、定量内容分析

通过对定性内容的分析，对于流行趋势有了整体、全面的认识与判断。对于生产和销售，需要进一步确认本企业需要生产与购进的数量和比例。例如，当牛仔风格呈上升趋势时，生产企业需要加大牛仔面料的生产量，零售公司需要加大牛仔面料的进货量。当流行重点倾向于优雅的轮廓时，强调廓型的外套便成为畅销货品，因此生产与销售需要加大投入。

某类款式的销售业绩是新一季生产产量的衡量依据。例如，真维斯设计部每个季节都有对于每个款式销售数据的比较，一些销售额优秀的经典的款式通常都会保留到下一个季节。

为了对数量有更为确切的判断，企业需要通过自身对消费市场的定位，确定需要多少量才能够比较完整地展现流行感。从各个流行层次入手，少数特定人群到一般大众，通过过往的数据，评估各个流行层次的消费者对于新趋势的接受程度，按比例分配不同款式的生产与采购数量。

这里的量化概念并不是指具体的生产数据，而是某类款式的比例。在设计阶段，将以往季节各款式的市场销售数据结合当下的流行趋势，是新一季产品开发与各个款式组合比例的具体依据（图4-29）。例如，当上一季针织外套的销售不是很理想，而新的趋势表明具有廓型的外套将成为流行重点时，在新一季产品开发的组合中就要减少针织外套的品种，而要多开发几款机织外套。那么，这个趋势应该在原料的采购上需要提前预知。通常，企业具体的生产数据是在全部样品开发完成后，通过订货会才能明确的，而根据市场需求，畅销产品与明星款式可能还会补款与补货（图4-30）。

关于某个款式风格的评估与投资，表4-6中表明了在趋势表达上的量化比例参考。

款式一：74季
款式描述：尼龙拼格子布棉外套
面料：310尼龙
定价：229元
剪裁：基本长度合身型
销售月份：1月

款式二：84季
款式描述：尼龙可拆卸帽拼格子布羽绒外套
面料：300T尼龙
定价：329元
剪裁：基本长度合身型
销售月份：12月

款式一在74季销售量可观，主要在于它的款式剪裁基本，易于搭配，最大的卖点在于其拼撞色格子布设计，将会是“明日之星”

（注：“明日之星”就是下一个季度也会畅销的款式）

款式二是在开发新一季（84季）产品，总结了款式一的卖点元素（格子面料今季属于热点），同时，为了更好地适应销售月份的天气需求以及比照新的流行点——面料从棉改为羽绒，加入罗纹下摆及袖口的防风设计

图4-29　明星款式对下一季产品开发的量化参考❶

图4-30　各种外套流行程度示意图

❶ 资料来源：真维斯服装公司。——编者注

表4-6 流行程度与参考产品数量决定

流行程度	投资力度
孕育	少量，挖掘期，值得留意变化的方向；少数人群，高定价
试探	少量，可以充当流行先锋，具有畅销潜力；一定的高风险，相对高获利商品
畅销	大量，具有一定的新异性且易于接受的产品，强调品位；获利稳定
主流	大量，风格稳定，购买人群广泛
次要	少量，特定地域，价格分化（昂贵或低廉）

第四节 流行趋势的调查报告

流行调查与分析的不同阶段，都需要针对不同的需要提交相关报告。根据目前国内服装产品的开发过程，相关的流行报告大致分为两种，即反映市场的流行特点与流行程度的报告、产品开发报告。

一、有关各种市场的流行特点与流行程度的报告内容

（1）调查主题：可以是关于区域的流行特点、色彩特点、色彩偏好或是面料的流行调查、某种风格款式、服装配件、相关品牌比较等。

（2）调查目的：例如，区域流行特点的调查可能是为了某个新品牌的创立，也可以是为了已有品牌的空间拓展等；有关色彩、面料的报告可以为新一季的产品开发作依据。

（3）调查背景：调查区域的人群、文化、经济等背景。

（4）调查地点：有针对性地选择地域、城市或特定地区，常常是特色地区和商业中心区。

（5）调查内容：具体内容，包括对于调查问卷的整理归纳、访问、拍摄资料说明等。

（6）总结：为此次调查做出结论，提出建议（案例1，参见P157）。

二、产品开发过程中的相关流行报告

产品开发过程中的相关流行报告通常包括以下几种。

（一）产品开发主题趋势报告

通过对国际趋势与国内形势的分析，确定目标。针对特定季节一般提前4 ~ 6个月。例如，××品牌×年3月、4月春季的产品，在前一年的10月便要写报告，同时在报告会上必须配合主题故事板进行汇报（案例2，参见P161）。

（二）产品市场反应以及与竞争品牌的比较报告

公司会要求专门的调查人员每周做出报告。随时报告同类风格品牌的新款式、色彩、价格、促销手段、市场反应等，以便及时调整对策（案例 3，参见 P163）。

（三）产品总结报告

对上一季产品从售卖策略、款式、色彩、价格、促销等做的全面总结，为新一季产品开发作准备，通常由商品开发部完成（案例 4，参见 P167）。

三、案例1——配饰市场调查报告

挎包专题报告

目的：了解上海地区挎包市场的情况

调查地点：东华大学、中山公园、四川北路

调查人群：16 ~ 25 岁

（一）背景调查（图 4-31）

1. **东华大学**

原中国纺织大学，设有与纺织相关的各个专业，是国家重点纺织类大学。本次调查基于该院校内有一定纺织专业知识且对时尚感知度较强的学生。因地处市中心，因此学生的业余活动丰富，有利于对外交流。采样主要偏重于时尚动向以及针对大学生群体的调查。

2. **中山公园**

位于西区的新城区，交通设施便利，兼具居民区和工业区，人口较为密集，且因为并非商业圈内，故而流动人口比例不大，消费群体针对刚入职场的年轻人以及外围的学生一族。

3. **四川北路**

上海老城区商业街，有上海的特色传统，人口密集，但消费群体多为上海普通居民，收入普遍较低。竞争对手密集，又临近上海最大的服装鞋类批发市场，品牌间销售竞争极为激烈，适合广泛采集数据。

图4-31 调查

（二）实地调查内容

1. 东华大学

采用当面访谈的方式。受访的人群主要是穿着普通的学生。问题集中在休闲包的价格、材质，平时的兴趣、运动项目、活动场所，喜欢的杂志、媒体等，对时尚的看法、对颜色的喜恶、对休闲服饰品牌的认知以及对异型包的看法。总结如下四点：

（1）主要购物地点：地下商场（迪美购物广场等）、淮海路、徐家汇、襄阳路、南京路等。

（2）主要购买包的地段：地下商场、批发市场（七浦路）、徐家汇等。

（3）购买首要考虑因素：款式（色彩、样式、风格），材质。男生对于材质考量较多。

（4）购物的主导因素：价格。

备注：虽然学生渐渐独立，家长的管束较少，但是对于一部分学生来说，家长的意见还是很重要的。

男生主要以挎包为主。在受到访问的男生中，对于包的实用性考虑较多，对时尚敏感度较弱，且考虑单一，多集中在实用性能的考虑上，并且对包的外形考虑较少，也没有具体的概念。可是心理价位较高，接受程度在100～500元。但是男生对异型包的审美有一定标准。在进行“理想的异型包该是怎样的”调查时，认为色彩鲜艳的、粉色的、紫色的、黑色的占到70%以上。而且对于全皮革的包，男生觉得比较不能接受。

女生心理成熟较早，相对喜好很多。对时尚敏感度高，年龄较小的女大学生对时尚的模仿能力较强，但是相对消费水平较低，集中购物在低层的市场。而相对进入社会的高年级女生，购物时考虑更加成熟，对于功能性考虑加强，并且强调品牌。大型休闲包主要用来放置日常课本，女生对帆布包十分喜好，尺寸上也希望大些，可以装多些衣服。基本上女生的包数量比较多，用来搭配服装，能承受的价格普遍集中在100～200元，总体上来说心理价位比男生要低。

2. 中山公园

集合了很多类型人群的中山公园，人口分类复杂。总体上白领占主导，因此这里主要调查对象集中在办公室年轻的人群。

因为是在街道上，所以调查时间仓促，主要问题集中在休闲包的价格、材质、购买地点，平时的活动区域，喜欢的休闲装品牌，喜欢的杂志、媒体，休闲包的心理接受价位等。总结如下三点：

（1）购物场所：徐家汇、淮海路等地段较多，主要集中在有娱乐场所的地方。

（2）购物考虑的因素：品牌、品质、功能性。

（3）人群特质：对品质要求较高，而且随着平时活动圈的扩大，对品牌的选择个体差异较大；更加依赖于媒体的宣传，对于新事物的接受能力减弱；对品质的认识加强，对功能性的考量更加严肃；普遍接受休闲包的心理价位提高，女性在200～500元，男性在200～1000元。

男性依旧保持对于运动品牌的钟爱。上班以后，男性的包受到很大的约束，基本以方形斜背式样的计算机包为主。虽然很难看，但是很多上班族还是会选择，因为公司会发，而且可配合西装搭配。很多男性说，到了休息日会用更加运动的双肩包或者不背包。

女性偏向于小巧的包，材质选用很广泛，但是对色彩的亮度十分敏感，大概是受到公司的制约。色彩也很广泛，各取所需。

3. 四川北路

以休闲为主的四川北路，主要的消费群体是临近居民、北区的年轻人以及来七浦路购物的人群。

年龄在16～50岁，对市场很熟悉，收入很普通，而且很会精打细算，货比三家。相对市场竞争激烈，而且部分品牌老龄化。

总体上来说，来四川北路购物的人都是来淘便宜货的，对价格十分敏感。相对畅销的产品都具有以下两个特点：一是时尚而且便宜；二是质量好、便宜。

四川北路上主要看到的是消费的倾向性和市民的审美趋势。

女性以小包为主，主要以购物用为主，且时尚。消费者相对较多的是行政类人员或者营业员，她们的包不需要太大的空间，只需要放入化妆品、皮夹子、手机、钥匙等就可以了，便于携带的斜背包和拎包较受欢迎。在设计上主要是往时装方向发展，更加职业化，固有形的包受到欢迎。对材料的考量较多，休闲包最好是上班也能背，心理价位在50～200元，对于没有品牌的包心理价位在20～50元。折扣活动的吸引力对其作用颇大。

在调查人群中，男性比例较小，主要为女性。而且在调查中发现很多购买男包和男装的都是中年妇女，主要是为儿子购买。可见，男生对于服装的要求还是比较低的。

（三）市场调查总结

1. 休闲包品种分析

（1）帆布大包：作为传统类的包，市场相对比较稳定，价格落差不大，顾客对于此类市场比较熟悉，产品革新比较困难。很多细节变化对于顾客的视觉刺激相对较薄弱，所以作为延续性的产品可以继续保留（图4-32）。

图4-32 帆布大包

（2）时尚小包：流行周期非常短，风险较大（图4-33）。虽然市场份额较大，但竞争对手相对较多，竞争环境恶劣，在一定程度上减少了销售。

（3）卡通包：消费市场年轻化，且消费能力较弱，但是产品的成本相对也较低，所以在一定程度上可以作为活跃产品加以推出（图4-34）。此类产品虽然大量充斥市场，但是就操作而言，对形象的依赖性很强，需要借助于形象代言。短期回报率比较低（参照佐丹奴的迪士尼系列）。

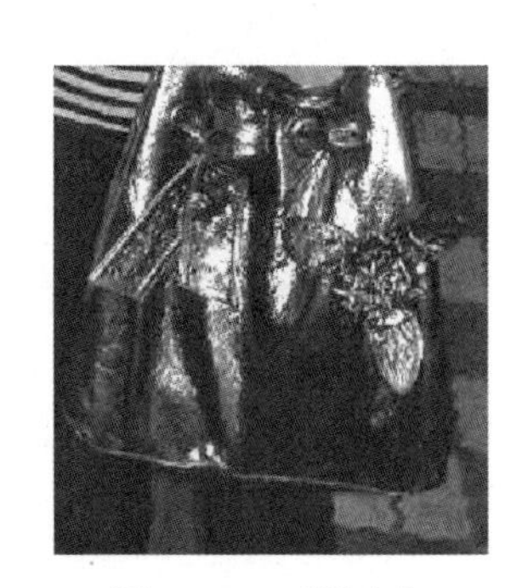

图4-33 时尚小包

（4）计算机包：拥有巨大的市场，相对而言此类市场的顾客消费能力较强，对于品牌有一定的信任度和依赖度，在产品的材质上要求较高（图4-35）。因产品流行周期较长，急待产品的革新，但是对新产品的更新度的把握尤须谨慎。

（5）小型腰包：市场相对不成熟，而且男性的消费水平普遍较高（图4-36）。加上男性市场的流行周期时间较长，货品更新速度较缓慢，在产品开拓上还有一定

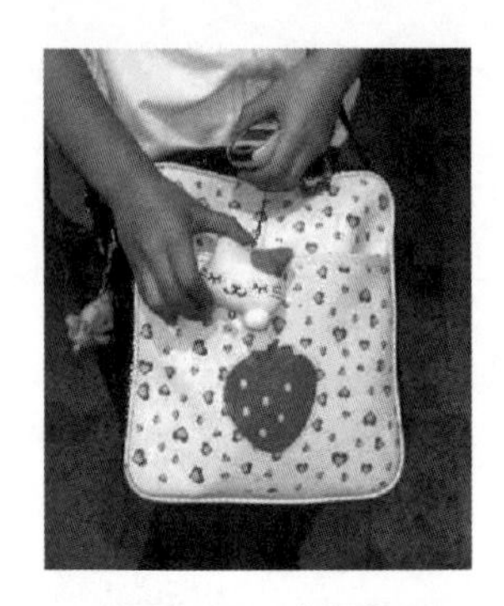
图4-34 卡通包

图4-35 计算机包

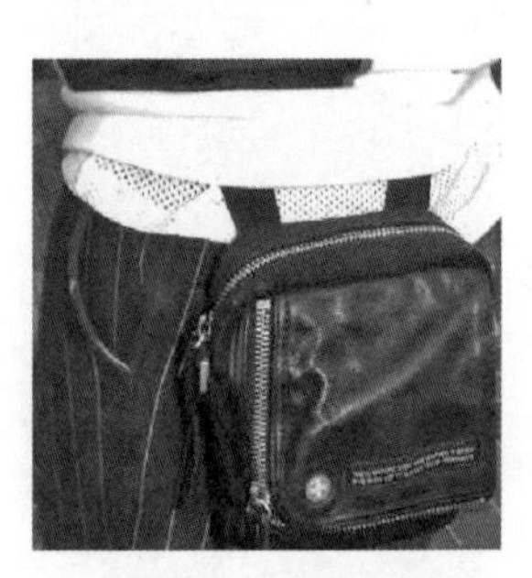
图4-36 小型腰包

的空间。

2. 休闲包材质分析

现在市场的材质主要包括仿皮、仿麂皮、PU、塑料、人造革等。此类材质多用于小包、时尚包以及男包的制作，价位相对较高。

（1）女包：

①主要材质：人造革、帆布、仿麂皮、绒毛布、牛仔布等。

②辅料材质：PU、金属以及帆布，以尼龙为主。

③装饰手法：刺绣、针织花朵、金属扣钉、透叠、抽褶、动物纹样等。

④热门印花：金属印花、单色勾线人物印花、全幅花朵图案印花、几何印花等。

（2）男包：

①主要材质：人造革、帆布、牛皮等。

②辅料材质：塑料、金属以及帆布，以尼龙为主。

③装饰手法：金属扣钉、撞色车线、条纹装饰等。

④热门印花：字母印花、透叠印花、动物印花等。

3. 休闲包市场分析

（1）女包市场：市场比较丰富，选择较多，并且流行周期很快，因此，成熟的市场氛围已经形成，品牌间的层次已经拉开。多种材料结合使用，风格多样，女性化色彩是今冬的主题。本季的流行重点在包的外形，自由造型的包是本季的大热，桶形包、胸包、弯月形包都是比较流行的款式。在色彩上比较鲜艳。

（2）男包市场：已经有部分品牌产生，但是商场的占有率较小。配套产品齐全，且风格明确，使得各个品牌很容易辨认。今冬总体趋势是皮革加尼龙，在款式上更加休闲，具有运动感觉。

（3）延伸产品市场活跃：随着包的品种逐渐增多，其延伸的产品市场极其活跃。从传统的皮夹、名片夹、记录本、手表、钥匙扣到抽纸桶，毛巾、手帕到杯垫层出不穷，虽然东西很小，却针对此类市场品牌缺失的特点，价格在10～200元。包店的产品丰富多彩，也极大程度上满足了部分消费能力较弱的顾客，无意中增强了品牌的知名度，培养潜在的顾客，打开了将来的市场。

（4）配件市场：本季流行的配件主要有珍珠、水晶、玩具公仔。玩偶是本季的大热，而陶瓷烧制的天使娃娃是女生的新宠。类似于天使类、芭比娃娃的配件市场价位较高，而且品种很少，刚刚开始流行。

（四）结合某品牌包类情况总结

受到很多无品牌的低端产品打压，使产品在定位上显得比较高。对于目标客户来说，他们虽然喜欢，但觉得价格太贵了。

对于收入不高的低工资人群来说，产品的时装化，很多人觉得好，但是普遍觉得价格偏高。就折扣的活动效果来看，价格是影响销售的主要因素。

从竞争对手来看，似乎采取其他策略。例如，美特斯邦威在推出几季包类产品后，产品面对滞销，开始向运动品牌的包类靠拢；班尼路的包类集中在上班用的公文包上，受季节影响较小，但是销售情况也一般；班尼路旗下的S & K的包的价位集中在30 ~ 80元，符合学生的消费能力，且款式单一；至于Ebase的女装配饰销售的情况一般，相对时尚的女生会选择，但是适合人群范围较小。近期，几乎所有的Ebase店铺都有折价区，而且都保持在五折左右，可见其配件的销售情况。

一些卡通品牌的销售情况不错，主要是借助了卡通形象。而且其大多采用塑料，成本很低，减小了滞销的压力。在制作上也比较简单，以采用可爱的印花图案吸引顾客。

本季的包类销售情况平淡的主要原因是定价有些偏高，且在陈列上没有强调。顾客对本品牌本季的女装包感觉不错，如果能在面料上搭配使用，相信顾客的适应面会更加广泛，而且可以带来更大的销售市场。本品牌时尚女装包的销售期刚刚开始，顾客中的知名度还没打开，在产品的介绍上有些缺失，没有配合当季的产品进行介绍，因此建议加强店员的产品搭配指导。可以在陈列上加强推广，海报介绍上加以突出，相信对销售会有所提高。

四、案例2——品牌女装设计报告

某品牌春季（3/4月）设计概念——女装

（一）品牌定位

该品牌的定位是针对健康、进取的年轻一族消费者，核心年龄层为18 ~ 25岁，延伸年龄为16 ~ 40岁。品牌将A款以“基本”加“时尚”去迎合16 ~ 40岁的顾客需要；另外B款是以主题系列形式去营造品牌形象，将分别针对“时尚一族”及“年轻一族”开发产品，使其更加清晰地针对此两类顾客群体，为其偏好及特点做出相应的设计。

货品组合：

（1）每月分上下两期上货。

（2）每期两组设计主题（重点主题、副主题）。

（3）副主题货品：时尚一族（21 ~ 25岁）占60%，年轻一族（16 ~ 20岁）占40%。

（二）主题（表4-7）

表4-7 设计主题

时段	重点主题	副主题
春Ⅰ上期	梦幻历奇	春日花蕾
春Ⅰ下期	梦幻历奇	春日花蕾
春Ⅱ上期	部落聚会	校园精英
春Ⅱ下期	部落聚会	校园精英

（三）潮流焦点

1. **针织外套**

随着潮流的转变，针织外套已成为本季不可缺少的品种，除了以大众化的价位吸引顾客之外，设计上会选用不同织法的面料，以连身帽、搭配袋鼠袋及拉链开胸为主要元素。

参考款式：61-2203/2205/2206/2207/2208。

2. **横条**

针织品种的另一个流行元素为横条，以阔间为主，多色搭配，款式仍以简单为主。

参考款式：61-2706/2707/2747/2903。

3. **扎染、吊染**

不论是深浅渐变或是多色彩扎染的T恤，都是本季的焦点所在，部分款式更会加上印花、贴布或钉珠效果。

参考款式：61-2732/2733/2734。

4. **短身剪裁**

外套仍然流行短身剪裁，本季在牛仔、针织及毛衣外套上均加入此类款式，主要配以较长身T恤，营造时尚的层叠效果。

参考款式：61-61-2208/2214/2215/2914。

5. **牛仔**

延续秋冬季的牛仔风，春季牛仔仍是热门品种，女装主推牛仔长裤及牛仔外套，着重于不同剪裁、后袋花设计及细部构思，牛仔潮流以“干净”为主趋势，减少加入猫须。

参考款式：61-2215/2217/2801/2802/2803/2804/2805/2806/2807。

（四）主题介绍

春Ⅰ：重点主题——梦幻历奇 treasureisland。

时段：春Ⅰ上期、春Ⅰ下期。

内容：以荒岛探秘寻宝为灵感，运用大自然图案、扎染、军装元素等塑造现代旅者追寻刺激的率性风貌。

设计元素：扎染、吊染、大底印花、军味设计、多色彩横条、短身外套、时尚牛仔。

重点面料：特织布、珠帆布、牛仔布、平纹布、罗纹布、威化布。

春Ⅰ：副主题——春日花蕾 blossom & lace。

时段：春Ⅰ上期、春Ⅰ下期。

内容：灵感来自百花齐放的春日，运用花卉图案、蕾丝、珠片等富有女人味的元素，尽显柔情的一面。

设计元素：花卉图案、蕾丝装饰、绣花、钉珠、缩褶细部、荷叶边。

重点面料：卫衣布、牛仔布、平纹布、罗纹布、磨毛人字纹布。

春Ⅱ：重点主题——部落聚会。

时段：春Ⅱ上期、春Ⅱ下期。

内容：以非洲原始风貌为主要灵感，加入不同地域的设计元素演绎民族风格，通过强烈色彩、部落图案、木制配件等展现追求原始生活的民族风情。

设计元素：部落图案、大型印花和绣花、木制配件、附送挂饰、时尚牛仔。

重点面料：全棉特织布、平纹布、竹节布、磨毛斜纹布、牛仔布。

春Ⅱ：副主题——校园精英。

时段：春Ⅱ上期、春Ⅱ下期。

内容：运用印花及印字图案，配合时尚的贴布效果，演绎新一代健康、进取的校园风格。

设计元素：印花图案、贴布效果、标语、宽松剪裁。

重点面料：平纹布、罗纹布、牛仔布。

五、案例3——品牌市场调查报告

某品牌上海市场调查报告

（一）竞争对手市场动态

1. 佐丹奴新主题上市

佐丹奴在“五一”节前推出新棉麻主题，并补充了一些新的棉麻混纺（55％亚麻、45％棉）产品（图4-37）。新品主要以男装上衣和裤子为主，款式更加宽松、舒适。在整个“五一”期间，除了送水壶的推广活动以外没有其他的推广，相比以往的拉杆箱，水壶的吸引力显然要小很多。在假期后各店内还遗留很多的水壶。

男装部分陈列

女装部分陈列

图4-37　佐丹奴亚麻主题的推广灯箱海报

2. 美特斯邦威——“我爱世界杯”新主题面市

美特斯邦威“五一”节前新的运动系列主题面市，以即将到来的世界杯为主题，结合新主题上市在各个店内前仓高低台上陈列八款运动T恤，以八个国家为主题色。T恤上印有各国家队的徽章和代表符号，统一售价为 49 元，并在推出主题 T 恤的同时送出钥匙扣。美特斯邦威不仅仅推出这种球衣，还推出多款运动款式的 T 恤和速干款式 T 恤进行整体销售。店铺内陈列色彩鲜艳夺目，黄色、绿色、湖蓝色、红色成为主打色。整个店内的气氛浓烈，加上各个地铁站内都有其海报，强大的宣传攻势使主题一经上市就引起了顾客的注意。

随着新主题正式面向市场，本季美特斯邦威的男装走向大致已定——活力。款式偏向运动，除了 Logo 款式外，净色款和运动款成为主打。色彩以黄色、湖蓝色、白色为主（图 4-38）。

店内主题海报陈列

新上市世界杯球衣T恤

新品橱窗陈列

男装推广款的吊挂陈列

男装活力款的陈列

男装速干T恤的陈列之一

男装速干T恤的陈列之二

图4-38 美特斯邦威店内陈列

男装速干T恤也成为比较品牌2本季的重点款式，在店铺内设有专门的区域陈列。售价统一为59元，如下图所示。材料为：57%棉，43%涤纶。

（二）推广活动

1. 本周推广活动列表（表4-8）

表4-8 本品牌本周推广活动列表

品牌	主题	本周（促销/赠品/组合）推广活动	备注
本品牌	有心就有翼	凡购指定款休闲裤、牛仔裤两条，再减30元 一次性购物满188元送两用书包	效果较好
比较品牌1	Denim Forever Giordano Linen	购物满198元加9元，换购佐丹奴冰爽水壶“没有陌生人的世界”贵宾卡	效果一般
比较品牌2	Explore American	夏季新品上市，购买世界杯主题T恤一件，即可获赠主题钥匙扣一个 购买正价商品满188元，即可获赠纪念版小足球一个 全场正价长裤7折	效果较好
比较品牌3	The Natural Life with Linen	缤纷假日，全场8折	效果一般
比较品牌4	My Jeans	全场货品8折 购买商品加29元送太阳眼镜	效果较好
比较品牌5	—	FIFA世界杯商标授权	效果一般
比较品牌6	穿什么就是什么	全场8折，10元起	效果较好
比较品牌7	我的夏天	春季货品6折	效果一般
比较品牌8	Colour World	凡购正价货品满318元，送时尚珠链一条	效果一般

2. 本周主推货品（表4-9）

（1）主要降价货品：休闲裤/牛仔裤。

（2）主要热卖货品：各类T恤/牛仔裤/裤装。

3. 天气情况（表4-10）

气温逐步上升，时有回落。

表4-9 竞争对手本周主推货品

品牌	主推货品
比较品牌 1	100 元 /2 件的“没有陌生人的世界”圆领短袖 T 恤 75 元的女装 POLO 衫
比较品牌 2	推广 35 元款式 T 恤 49 元世界杯 T 恤
比较品牌 3	圆领短袖推广 T 恤 70 元 /2 件 100 元 /2 件男女装 POLO 衫 99 元的女装新品 T 恤 男装新品翻领 T 恤售价 70 元 60 元 /2 件公益款式 T 恤
比较品牌 4	清仓 104 元的 802 号牛仔裤
比较品牌 6	清仓 10 元的往季长袖 T 恤 清仓 39 元的推广款 T 恤

表4-10 推广周天气情况

时间	天气情况	气温（℃）	时间	天气情况	气温（℃）
5 月 1 日	晴转多云，夜间局部有阵雨	21 ~ 29	5 月 2 日	阴转多云	18 ~ 26
5 月 3 日	多云	18 ~ 30	5 月 5 日	多云，傍晚有时有阵雨	20 ~ 30
5 月 4 日	多云	18 ~ 26	5 月 6 日	大雨转阴	18 ~ 23

4. **总结**

“五一”期间，各竞争对手的折扣幅度在 7 ~ 8 折。有不少商家的新品 T 恤上市。男装 T 恤运动风潮席卷申城，女装上色彩鲜艳如湖蓝绿、明黄、桃红等色。水果印花是本季的热门。许多商家用横间条 POLO 衫、净色款式的 T 恤作为低价款式。T 恤的陈列在色彩上大做文章，力求跳跃，夺人眼球，而正面吊挂被下装陈列广泛运用。

（三）本品牌情况分析

1. **推广方面**（图 4-39）

（1）购物满 188 元赠两用书包一个。

（2）凡购指定款休闲裤、牛仔裤两条，再减 30 元。

2. **货品情况**

（1）男装 T 恤的 A 款销售情况不错，但有部分店铺反映横间条 POLO 款略多。

（2）BZZ-61-1783 全棉平纹印花 T 恤表现平平，有部分顾客对于其印花接受程度有限。

图4-39 品牌推广

（3）女装的A款销售情况比较平稳，整体情况不错。

（4）各款女装特织布款式的销售情况比较平淡，主要集中在BZZ-61-2751、BZZ-61-2752、BZZ-61-2763，主要是觉得面料单薄比较松散。

（5）航海英姿整体的反映不错。

（6）BZZ-61-2765有部分顾客觉得835的色彩不够明亮；BZZ-61-2754罗纹布的手感单薄，且有变形的情况发生。

（7）热带风情PZZ-61-2744全棉V领短袖T恤中的部分号码领口偏大；校园精英的表现不错，其中BZZ-61-2736的表现出色。

3. ××年春季各品牌主题/色彩/价格表（表4-11）

表4-11 各品牌主题/色彩/价格表 单位：元

品牌		本品牌	比较品牌1	比较品牌2	比较品牌3
主题		有心就有翼	Denim Forever Giordano Linen	Explore American	Nateral Life with Linen
重点颜色		桃红/粉蓝/彩蓝/深蓝/花灰/红/黑/白/军绿	卡其/白/黑/草绿/浅蓝/粉红	明黄/绿/湖蓝/卡其/粉红/草绿/黄/桃红/彩蓝	红/粉黄/灰蓝/绿/白/黑
T恤	男	30 39 45 49 50 59 69 79 89	100/2件 80	35 39 45 59 69 79	60 80 原120现99
	女	30 39 45 49 59 69 79 89	100/2件 110 75	45 59 69 79 99	60 80 原120现99
衬衫	男	89 99 129	160	99 110 120 139	79 120 140
	女	99	160 180	99 110 120	100 120 140
牛仔裤	男	99 119 139	180 190 260 320	99 119 179	120 140 160
	女	99 139 159	180 320	99 119 179	120 140
休闲裤	男	99 119 139	180 230 280	89 99 179	原120现99
	女	99 119 139	190 210	89 99 159 260	原120现99

注 调查时间：××××年5月1日至××××年5月8日；调查地点：南京路、淮海路、徐家汇。

六、案例4——品牌季度产品总结报告

某品牌××年第4季度产品总结报告

（一）开发策略分析

1. 商品开发策略分析

（1）产品结构（销售数据表略）：

男装A：B款预算销售比例为69：31，实际销售比例为72：28；女装A：B款预算销售比例为68：32，实际销售比例为72：28。

男女装仍以A款销售为主，占整个销售的约70%，且毛利均较时尚款高。对比上一季，本季的A/B单款销售均有下滑，主要原因是基于品牌竞争大、顾客选择空间多。通过加大A款的投入力度，整体的销售件数和毛利金额尚可。而女装B款表现较逊色，下季会注意加大B款的改善和开发，做到紧贴时尚之余，力求把基本易穿和个性时尚更好地融合。

新一季A/B款设计方向：

男装：
- A款——基本+时尚细部（定位16～40岁顾客）
- B款——时尚款式（定位16～25岁顾客）

女装：
- A款——基本+时尚细部（定位16～40岁顾客）
- B款——时尚款式（定位21～25岁顾客）

女装由新一季开始加入C款——时尚款式（定位16～20岁顾客）

……

（2）价格因素：本季部分货品价位略高于其他竞争对手，价格已不具绝对竞争力，所以更需要把好质量关口，增强款式卖点，以结合品牌定位，从而提高物超所值的品牌形象。

（3）质量因素：本季最常见的质量问题主要为：纽扣脱落、坏拉链、束绳断裂、漏绒、脱线、破洞、褪色等。据反馈信息，对于冬季货品，顾客集中投诉在辅料品质上，下一季品质必须进一步提升，尤其是辅料方面，不可以将就货品，要坚持向顾客提供物超所值的产品，从而提高销售及确保顾客对品牌的信任度。

2. 品种成功及改善分析

（1）男装分析：

①外套：

成功点有：

款式：分开运动及休闲款式策略，能够扩宽顾客群多色彩的运动款，除吸引了年轻顾客外，也对店铺形象起了正面的作用。

颜色：丰富，大方，选择余地较多。

改善点有：

款式：羽绒外套漏绒严重，影响形象，下一季需针对性改善。

②长袖T恤（略）。

（2）女装总结：

①外套：

成功点有：

款式：款式加入新元素，纽扣细节具特色；多功能设计受顾客喜爱；羽绒款式选择多。

颜色：色彩亮丽，丰富且多种选择。

面料：面料手感好，穿着舒适；灯芯绒面料保暖性好。

剪裁：提供不同衣身长度，顾客有多种选择。

价格：极具竞争力。

改善点有：

款式：在毛领设计上需要创新，减少类同设计。

颜色：需增加基本色比例。

品质：需减少纽扣易脱、拉链易坏、羽绒漏绒等问题。

剪裁：部分羽绒服穿后显臃肿，需再修身。

②T恤（略）。

（二）款式设计分析

1. 颜色分析（销售数据略）

颜色占比方面，本季的基本色、潮流色、衬托色分别为69.1%、16.3%、14.6%。对比上一季的77.9%、13.3%、8.8%，减少了基本色的比例，加大了潮流色及衬托色。其中主要因为今年潮流以颜色为主导，另外男装采用运动及休闲的产品策略也能充分利用潮流色彩，提升品牌形象，改善了上一季货场占满了基本色，从而令顾客缺乏选择空间的不利因素。

2. 尺码分析（略）

3. 设计主题分析（略）

4. 布料分析（略）

（三）竞争对手分析

1. 竞争对手与本品牌的分析和比较

（1）价格方面（略）。

（2）颜色方面：

①比较品牌1本季在色彩上也沿用春夏季的概念，用色较为鲜明，羽绒方面女装不仅用了较为亮丽的颜色，男装也运用了较鲜艳的靛蓝色等；下装方面用色基本，易搭配。

②比较品牌3羽绒服色彩的整体感觉显得有些灰暗，虽然女装羽绒服也运用了淡蓝、粉红等颜色，但都较粉，陈列在店铺中没有明显的色彩感觉，显得没有生气；男装颜色与往季也没有变化，仍以基本的卡其、蓝色等为主。

③比较品牌2本季配合主题的推广，用色较为明亮，白色、天蓝、红色、桃红等都是主推的颜色，男装方面也配合主题及女装的陈列，推出较明快的颜色，较受年轻人的喜欢，整体店内感觉温暖也多色彩。

④本品牌本季按不同的主题推出不同系列的色彩视觉印象，整体效果丰富。

（3）款式方面（略）。

（4）主题方面（略）。

（5）推广方面（略）。

（略）

（四）生命周期分析

1. 男装生命周期（表4-12）

表4-12　男装生命周期

<table>
<tr><th>类型</th><th>品种</th><th>明日之星</th><th>摇钱树</th><th>苟延残喘</th></tr>
<tr><td rowspan="3">1. 外套</td><td rowspan="3">厚针织外套</td><td></td><td>羽绒外套
厚间棉外套</td><td></td></tr>
<tr><td colspan="2">厚长身外套</td><td></td></tr>
<tr><td></td><td colspan="2">灯芯绒外套</td></tr>
<tr><td>—</td><td>—</td><td colspan="3">—</td></tr>
</table>

2. **女装生命周期（略）**

（五）附页

1. **推广款式分析**

（1）外套（销售数据略）：

男装：1252 款式运动时尚，1251/1203 款式休闲大方，给不同年龄层的顾客更多选择；颜色丰富，并配合实惠的价格，极具竞争力；下一季需继续加大力度改善漏绒、掉扣等质量问题。

（略）

2. **男女装各类别货类分析（以 B 款为例）**

（1）男装按整季件数销售量排行之款式：

男外套（表 4-13）。

表4-13　男外套销售数据及分析

<table>
<tr><th>名次</th><th>款号</th><th>类别（A/B）</th><th>零售价</th><th>预算销售</th><th>销售数量</th><th>销售金额</th><th>平均折扣率</th><th>占品种 %（以金额计）</th><th>毛利金额达标率</th></tr>
<tr><td>1</td><td>54-1233</td><td>B</td><td>￥399</td><td>—</td><td>—</td><td>—</td><td>90.7%</td><td>18.7%</td><td>116.6%</td></tr>
<tr><td colspan="3">分析达到销售数量原因</td><td colspan="7">采用 N/C 混纺磨毛府绸仿绒面料，手感自然舒适
款式净色，设计休闲，适合较广的顾客群，明年可保留</td></tr>
</table>

（2）女装按整季件数销售量排行之款式（略）。

3. **明星款式总结（略）**

4. **布料分析（略）**

5. **覆办进度表（略）**

总结：本季男女装共有 8 款未按计划覆办期完成批核，部分延迟覆办款式因物料返迟、工厂人员流动较大及工厂安排不合理而影响了个别口岸货期，其中型号 54-2206 的货品影响上市销售，其他款式均不会影响货期。整体上此季覆办准期率（准期率 94%）比去年同期（准期率 92%）做好 2%。

6. **本季与去年同季同款式的价格及销售比较**

（1）男装（表 4-14）。

表4-14 同款男装两季比较

本季					去年同季			差异	
种类	款式	款号	销售数量	零售价¥	款号	销售数量	零售价¥	价格¥	销售数

（2）女装（略）。

7. 竞争对手分类比较

（1）品牌货品分类强弱势比较（表 4-15）。

表4-15 品牌货品分类强弱势比较

品种	品牌	品种比较	优势或弱点（54 季）	×××× 年本品牌对策建议
羽绒外套	本品牌	×××	整体价位分布得当，从高价位到低价位都有，今季 279 元的价格及款式都有很好的销售情况	羽绒整体款式反映较好，部分款式在颜色方面可多做调整
—	比较品牌 1	×××	整体价格偏高，款式基本	
—	比较品牌 2	××× 款式丰富，价格整体与本品牌相似，具有较强的竞争力	—	
—	比较品牌 3	×××	款式基本，价格 350 ~ 450 元，不具竞争力	

（2）品牌款式分类强弱势比较（略）。

注：案例中从略内容为企业不便透露的商业信息，仅列标题供师生参考。

本章练习

1．品牌市场调查

以某种风格为目标，调查本地区的相关品牌。以其中某一个品牌为主要品牌，其他的为竞争品牌，分析最新一季的产品表现（品牌选择不少于 4 个）。

2．区域性街头流行特点的调查

以某个区域为范围，通过街头观察、访问、拍摄等方法收集资料，分析这一区域的流行特点。

3．特定单品市场流行的调查

以某个区域或某几个区域为范围，以某个特定单品（外套、鞋子、帽子、包等）为目标，通过街头观察、访问、拍摄等方法收集资料，分析与比较其流行特点。

应用与实践

第五章　流行趋势预测的实施与操作

课题时间： 4课时

训练目的： 让学生了解流行趋势，掌握关于流行预测方面的工作种类以及使流行能够持续的各种操作技巧。

教学方式： 由教师讲述课程理论，通过讨论使学生获得一定的工作规划能力。

教学要求： 1. 让学生掌握流行趋势行业中重要职业的工作内容。

2. 让学生掌握促进流行风格扩展的操作技巧。

作业布置： 根据自己的兴趣规划与流行相关的工作，并说明该职业需要储备哪些知识与能力。

第一节　参与流行预测的角色与工作内容

流行预测不像天气预报，预测工作者需要辨别出各种风格趋势，持续不断地接受来自产业界与消费者双方面的信息，并要设法找到新的着眼点以及流行趋势与其他产业的相互关系。由于现代产业的复杂与精细，在趋势预测工作中需要各方面的配合，这些人员包括流行总监、设计师、时尚记者、采购人员等。

参与流行预测的人员很多，从企业总裁、流行行销顾问到流行总监、设计师、采购人员等，每个人都有自己的职责。随着服装产业的改变，出现了许多新兴的工种，如宣传以及制造部门的发展人员，营销部门人员、发展部门经理、零售部的制造人员等。这些富有创意的工作者结合消费市场共同营造了未来的流行方向。

一、流行总监

流行总监是一个非常时髦的职业，是业界时尚精英的代表。他们能够把握市场流行趋势，对时尚流行十分敏感，能够通盘考虑设计风格、最新趋势、利润、往季产品优缺点、畅销产品与滞销产品等，对于处理滞销产品还能想出一些新的点子。他们通常是零售业的高级主管、时尚杂志的策划者、企业产品组合的策划者。

他们的主要职责在于研究流行趋势，制订新季节的商品企划，将其预想及时传递给采购、销售人员以及消费者。例如，一个面料公司的流行总监，在每一季新产品开始销售之前的 12 ~ 18 个月，便会做出流行色彩、印花图案、面料以及裁剪的企划案。面料公司不可能直接将成品交到消费者手中，因此他们必须提供正确的纱线样式，这样才能经由面料、成衣、零售，最后到达消费者手中。面料公司的流行总监必须综合欧洲、亚洲以及本国的流行趋势，将其编辑成每季的流行企划，并将这些企划用不同的形式转换成符合工厂、成衣制造商、零售业、采购商和连锁店的需求。在丽塔所著的《流行预测》一书中，列举了《女装日报》(*WOMEN'S WEAR DAILY*) 的征人启事条件，由此可以对这类专家级的流行职业有所了解。

(1) 有概念技巧。

(2) 熟悉商品展示。

(3) 与设计人员相处融洽。

(4) 熟悉面料市场。

(5) 了解生产的全部过程 (从面料到配饰)。

(6) 摘取欧洲趋势的构想。

(7) 分析颜色和流行趋势。

(8) 经常旅行。

(9) 评估流行导向。

（10）安排宣传行程。

（11）外语能力强。

（12）有活力。

（13）制造流行信息。

（14）为进口服饰企划样式和颜色。

（15）有创造流行的本能。

（16）能在强压力下工作。

（17）整合新构想。

（18）协助市场研究。

（19）有强烈的动机。

（20）将一个概念详细说明。

（21）协助采购人员。

（22）为产品定位。

（23）与上层取得良好的协调。

（24）抓准时机。

（25）与宣传小组共事。

（26）实用性创意。

（27）鼓励别人有绝佳的表现。

（28）做事积极。

二、设计师

现代设计师再也不可能像20世纪20年代的加布里埃·香奈儿和50年代的克里斯汀·迪奥那样创造流行神话了，但他们仍然是流行浪潮中的灵魂人物。虽然现代的服装市场是买方市场，街头青年是流行的演绎者，但是这些风格与流行细节仍然需要被设计师采用，然后推广到消费者身上。媒体对于设计师同样关注，追捧或批评他们的新作品。因此，各方就像是在跳舞，设计师依据当前的情况创造流行，然后媒体大肆传播，消费者共同选择，最终形成规模流行。

设计师们经常会到博物馆、画廊或某个特色区域旅行，以获得灵感；设计师们也需要经常出入健身房以保持创作时需要的充沛体力；设计师们需要有好奇心以保持对新鲜事物的热情。设计师们创造着时尚，其表现的好坏取决于他们是否能正确地把握流行趋势，并创造出良好的销售业绩，所以更需要把握消费市场。设计师特别是成衣设计师，他们必须仔细观察其目标消费者的生活习惯、生活方式、活动范围、兴趣爱好等，消费者身上常常也可以提供新的设计线索。设计师需要具有商业眼光，并有能力将时尚设计变成商业提案。

从明星设计师到初出道的设计助理，设计师群体有不同层次的工作划分。

自1995年汤姆·福特加入Gucci公司带给高级服装新活力以后，奢侈品牌与年轻设计师们共同成就了20世纪90年代后期的时尚特征。而现代媒体的强大功能更使设计师成了备受追捧的明星人物。Dior 公司与约翰·加里亚诺、LV 品牌与马克·雅可布等，这些明星设计师们不断创造着流行同时也带来可观的商业利润（图 5-1）。他们成为品牌的核心人物，新一季的作品要经受媒体的评价。明星设计师的后面有更多的设计师团队共同打造着新趋势的商业操作。

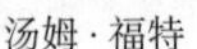

汤姆·福特　　约翰·加里亚诺　　马克·雅可布

图5-1　“明星”设计师

品牌通常都有首席设计师，他们同样需要具有前瞻的设计理念，敏锐的时尚触觉，对国内流行趋势有卓越的洞察力，并熟悉国际的文化差异；能够准确地把握产品风格，很好地整合全盘产品；有一定的策划能力和统筹实施能力，准确地把握市场需求。而设计助理需要具有更多的执行能力，如具有基本的服装专业知识，对一些绘图软件（如 Photoshop、CorelDRAW、Illustrator）能熟练操作等。

三、时尚记者与时尚编辑

对于 21 世纪充分发达的媒体工作者，时尚记者与时尚编辑是流行链条中非常重要的一环——将流行趋势传播开去。他们出现在每一季的发布会上，追踪橱窗陈列、时装名店、设计师、时装品牌、流行趋势及商业创新等行业动向，时尚记者们与时尚编辑们需要将这些流行趋势加以总结并推广。设计师、明星、名流等，每个人都是时尚记者与时尚编辑的观察对象，他们就像影视评论家一样，评价各种时装作品的优缺点，对明星们的装扮评头论足，借此引起消费者的关注。

时尚记者、时尚编辑与设计师的关系十分密切。历史上也证明时尚媒体为许多设计师创造了历史性的地位，如 1947 年，将迪奥先生的设计描述为“女性服饰新面貌”的是 *VOGUE* 杂志编辑卡莫尔·史诺（Carmel Snow）；对加布里埃·香奈儿1954年的卷土重来起到关键作用的便是*ELLE*杂志的创办人海伦娜·拉莎芙（Hélène Lazareff）的支持，之前加布里埃·香奈儿已经完全被大家摒弃了。

各大时尚品牌将产品目录送给编辑，借此呈现出各季服饰的外貌。但*VOGUE*杂志编辑卡琳·罗特菲说年轻的设计师可以积极争取："在我看来，美国的设计师比欧洲同行更有自信、更有野心。在纽约，人们会直接跟我联系，跟我介绍他们的作品，但这种情形在欧洲就非常少见。"

为了在复杂的、琐碎的、零散的资讯中找到新的趋势，精炼出简单而明确的画面呈现给消费者，时尚记者与时尚编辑需要有敏感的时尚判断力，有新锐的时尚思维，有良好的与时尚相关的产业基础知识，有沟通能力、应变能力、交际能力、执行能力，当然也需要有打扮模特、打扮明星的能力，同时也要有打扮自己的能力。

四、采购人员

在极度商业化的现代社会，营销方式与设计产品本身同等重要。采购人员时下最时髦的称谓是"时尚买手"。一个时尚买手是连接产品、销售商和消费者之间的桥梁。因此，他需要的能力更加全面：了解产品风格、个性的演变和对形形色色的消费者需求的想象力，将选择产品的目标定位于认定什么是对目标人群最时尚、最实际的。

买手作为一种职业，起源于20世纪60年代的欧洲。它是在日益拥挤的时尚工业中杀出血路的自由职业者，因无法挤进天才设计师的行列，而转向英国Next等大零售商兜售眼光与销售技能。目前，买手在欧洲已是成熟职业，类似于买手的圣经《时装买手》（*FASHION BUYING*）一书中，这样定义它在时尚链中的角色：为一个特定的目标顾客群体服务，其工作性质在于平衡产品价格、预测时尚趋势。

职业买手大体分两类：品牌买手，为一品牌服务，像Burberry、H&M等大公司则有买手团队，负责在世界各地采购附加设计、原料、配饰等，之后融入设计师的设计框架中；店铺买手，负责为百货零售商购买不同品牌的货品，如英国的Mark & Spencer供养的一批。

在中国，品牌买手与店铺买手均存在，但更多的还是从属于国际品牌的买手。由于其经营方式分直营店和代理商两类，买手又被进一步细分。直营店买手大多由品牌经理或店长兼任，代理商买手则多由买下代理权的老板兼任。他们的采购权限多在某一品牌框架之内。

时尚买手是一个兼备创造性和理性的"双面人"，是承接设计与销售的纽带。买手感性的审美与商人的逻辑贯穿始终，因此把握趋势和敏锐眼光成为买手必备的素质，这些能力将指导时尚买手去挑选最新款式的服饰，并展示给顾客。同时，买手也必须是一个组织者，是一个知道如何平衡收支、量化统计及选择购买时间的商家。伦敦时装学院的买手课程教授詹姆斯·克拉克（James Clark）这样归纳买手与设计师的关系："十分紧密。设计师可能很懒散和随性，为了一项出色的设计不惜使用昂贵的材料和工艺，而买手需要更有逻辑性，可能更多的会在精神上控制设计师。买手与设计师一起工作，会决定这一季的流行趋势。"如果说设计师创造着时尚，那么，买手就是在操纵时尚。

第二节　物化流行的技术手段

当新一季的流行初露端倪，设计师、时尚总监、时尚买手等上层工作者们紧紧跟进并不断留意着变化。随着流行风气的逐渐明朗，商家们需要更为强劲的报道，对消费者不断鼓吹新的趋势。接下来就是直接跟消费者的接触，各种促销手段可以切实地推进新的风格、款式、色彩，促使消费者对某种风格款式的选购。

新一季的服装风格在推广过程中，为了将流行贯穿于实际操作中，有许多具体的事务与方式方法，如流行风格的促进、推销和普及。在这个逐渐引导的过程中，时尚品牌运用了许多技巧，说服消费者用辛苦赚来的钱，换得“穿上某种新东西”的短暂快感。

当各大时装周在T台上展示新的作品时，媒体已经蠢蠢欲动了。在将要到来的季节之前，新信息通过各种方式传递给消费者，并不断地强化，以便当消费者决定在新季节购买具有硬派女郎风格的服饰时，刚好就可以在百货商场、专卖店或者流行小店找到，这个过程被称为物化流行的过程。在这个过程中，预测者、设计师、生产商与消费者都处于一种互动的关系，而商家与媒体所采用的各种方式，被称为物化流行的技术手段。这些手段包括：媒体的引导、流行时间的确立以及各种促销手段。

一、媒体引导

传播媒体是由一些专业化的群体通过一定的技术手段，向为数众多、各不相同又分布广泛的公众传播服饰流行信息。从宏观面促使服饰的流行信息波及相关的企业及个人，并迅速地渗透到人们的日常生活中。在众多媒体的报道面前，即使是不关心服饰的人，也会感受到流行的浪潮。

现代社会中，时装发布会是服饰流行传播的最主要途径，这些发布会拥有既定的主题，设计师在这里充分展示出自己的个性和风格，着力强调作品的艺术效果和视觉欣赏性，舞台装置、灯光效果、音乐设计也都别出心裁，形式感极强，它常以令人惊叹的创意性和独特的艺术效果让观众叹服。尽管时装发布会只是流淌着涓涓细水的小小源头，但却预示着潮流所向。

在每年的高级时装发布会上，来自世界各地的成衣制造商、销售商、服饰评论家、服饰记者、高级顾客都能获得自己所需要的东西，同时时尚新闻界则通过电视、报纸和杂志等媒体将最新的流行信息向世界传播。法国高级时装协会名誉主席雅克·穆克里埃（Jacques Mouclier）曾经在世纪之交对时装展示会的宣传状况做了统计，他说：“在近120场的时装展示会中，45%的品牌来自法国之外，55%源于法国本土。每一次时装发布会都吸引着大量的宣传媒体。据不完全统计，媒体名单注册约2400位各国记者。发布会期间，巴黎时尚被全球约150家电台媒体争相报道，各国的报纸杂志宣传文章达2500页之多”。强势的媒体宣传巩固了巴黎在时装界的地位，同时，也对各大品牌做足了宣传。

二、流行时间表

所有关于服饰流行的产业都基本遵循下面这个流行时间表，它是服饰流行的传播与实现的时刻指导，见表5-1。

表5-1 流行时间表

时间	1月	2月	3月	4月	5月	6月	7月	8月	9月	10月	11月	12月
预测	提前12～18个月完成预测工作											
材料准备				准备下一年春夏面料						准备下一年秋冬面料		
设计阶段	巴黎高级女装展（春夏）						巴黎高级女装展（秋冬）					
		纽约、伦敦、米兰、巴黎时装周（秋冬成衣发布）							纽约、伦敦、米兰、巴黎时装周（春夏成衣发布）			
	成衣趋势发布一般提前6～8个月											
生产阶段		准备与生产秋冬装（按阶段分第3季、第4季款式订货）										
								准备与生产春夏装（按阶段分第1季、第2季款式订货）				
促销与零售阶段	冬（第4季）		春（第1季）			夏（第2季）			秋（第3季）			冬（第4季）

通常服装品牌公司或服装零售公司对于新一季的产品开发都要提前6～12个月。市场周期前已进行了深入的流行研究，在新产品开发过程中会有不断地调整，为了将最初的趋势预测贯穿到最后，需要一定的工作安排，各方人员都需要按照产品的时间周期安排完成每一步工作。

通常的模式是设计师们预测时尚趋势，并着手为来年设计一系列新的款式。支持他们创作的信息和灵感来自预测机构、时装行业的展示会以及其他相关媒体的各种报道。在超过3～5个月的时间里，他们将自己的创意构思变成实物样品，然后基于上个季度某些款式的销售情况来制订销售预算和库存计划。在这个过程中，不断进行会议决策，讨论哪些款式应该被接受，哪些应该被拒绝以及哪些地方还应该修改，相关利润决策以及估计最终会有多少订单。为了使更多的因素被考虑到，企业还会召开多个有经销商、设计师、技术专家、信息专家和其他相关人士参与的会议。为了使这些方面都进展顺利，许多日程和行程安排都必须步调一致。然后是基于一系列的因素，向全球的一个或多个国家的供应商下订单。开发流程可以归纳为：收集时尚资讯→设计师预测设计提案→样衣制造→召开订货会或举行发布会→进行批量生产→按要求发货→接收市场反馈信息并进行小批量的补款补货→总结并为下一季预测提供参考。整个开发过程的典型情况是：首先，供应商会用几个星期到两个月的时间来采购布料，并使它们得到零售商的批准，接着是生产一些样品，等到这些都获得通过批准了，然后再按部就班地进行这些款式的生产。因此，对于一个典型的服装零售商来讲，从一个服装的概念出现到服装最后挂在零售店里，整个过程差不多需要花上 9 ～ 12 个月的时间。

被称为“时尚怪物”的大众流行时装品牌，如瑞典的时装巨头 H & M、西班牙的时装巨头 Zara 则将流行趋势信息更为充分利用，其流行时刻表也更加紧凑。以 Zara 为例，围绕“快速时尚”这一精确的定位，Zara 有效地确立运营系统的各个纬度，使之服务于品牌的战略定位，打破了传统的由设计到采购、再到生产、销售、服务的直线价值链的运作模式，形成设计、采购、生产、销售共同运作的一体化模式，Zara 设计师、采购专家、生产专家、市场专家联合形成了一个“商务团队”。其开发流程可以归纳为：消费者的即时需求→商店经理及设计师对需求信息的捕捉→总部对信息的分析和匹配→产品开发→批量生产及运输→上架销售→终端反馈→调整。

Zara 旗下拥有超过两百余位的专业设计师群，一年推出的商品超过 12000 款，可说是同业的 5 倍之多，而且设计师的平均年龄只有 25 岁，他们随时穿梭于米兰、东京、纽约、巴黎等时尚重地观看服装秀，以撷取设计理念与最新的潮流趋势；为了获得源源不断的时尚灵感，Zara 在世界很多大城市都安排有“酷猎手”（cool hunter），专门捕捉当下最流行的时尚元素，加上精心设计摆放的店内布局，使得顾客无论什么时候进入 Zara 专卖店，都有焕然一新的感觉。他们不断捕捉新的流行趋势，这些潜在的设计理念信息被送往公司总部，位于西班牙西北部的拉科鲁尼亚（La Coruna）。在那里，400 多名设计师和生产经理每天在一起讨论决定哪种款式特别吸引消费者。综合所有来自高级品牌与消费者的信息，Zara 仿真仿效地推出高时髦感的热销时尚单品，而且速度之快令人十分震惊。每周两次的补货上架，每隔三周就要全面性地汰旧换新，全球各店在两周内就可同步更新完毕，极高的商品淘汰率，也加快了顾客上门的回店率，因为消费者已于无形中建立起 Zara 随时都有新产品的重要形象。

通常服装品牌公司是顺序式的生产方式，只能提前几个月进行预测，到了销售季节不能根据市场的反馈情况进行调节和生产。而 Zara 这种具有快速反应销售系统的品牌有 35% 的产品设计和原材料采购、40% ～ 50% 的外包生产（与时尚关系不大的部分）与 85% 的内包生产（时尚敏感的绝大部分）都是在销售季节开始之后进行的，见表 5-2。

表5-2　传统时装品牌与快速时装品牌生产过程的比较

<table>
<tr><th>生产过程</th><th colspan="3">第一阶段</th><th>第二阶段</th><th>第三阶段</th><th>第四阶段</th><th>第一阶段（下一年）</th></tr>
<tr><td>传统时装品牌的生产过程</td><td>资讯收集</td><td>产品设计</td><td>产品订货会</td><td>面料的采购与生产</td><td>成衣生产</td><td>销售季节配送和销售（根据市场适当补货）</td><td>打折促销</td></tr>
<tr><td rowspan="2">快速时装品牌的生产过程</td><td colspan="7">资讯收集与市场反馈</td></tr>
<tr><td colspan="5">设计与原材料采购（65%）
外包生产（40% ～ 50%）
内包生产（15%）</td><td>销售季节
设计与原材料采购（35%）
外包生产（40% ～ 50%）
内包生产（85%）</td><td>打折促销</td></tr>
</table>

三、促销手段

传统营销是以“需求”为基础，但是现代时尚的基础是“创造需求”，这可以理解为需求其实并不存在，而时尚就是一个专门制造“欲望”的工厂。

LVMH 集团的时尚顾问让·雅各·皮考特（Jean Jacques Picart）这样描述自己的工作：“时尚职业的目标只有一个，就是要让品牌足够吸引人。我们所做的每一件工作，都是要设法使人们与我们的品牌谈恋爱。在这一行里，所有的配料——时装秀、广告、名人代言、媒体曝光等汇总起来，如果得当，将驱使人们推开服装店的门”。

为了使消费者产生“需求”并具有强烈“欲望”，时尚行业需要动用现代社会的各种媒体进行传播，如时装秀、广告招贴、名人代言、媒体曝光等。

（一）视觉促销

1. 时装秀

时装秀是一种在特定的环境下，通过模特的形体姿态和表演来体现服装整体效果的展示形式。时装秀并不单纯由设计师设计，重要的人物还包括活动策划组织者、舞台设计师、灯光设计师等专业人员，他们可以协助时尚品牌创造出绚丽的表演。进入 21 世纪，时装秀已不仅是一种艺术，更成为一种行销的元素。投资一场时装秀，可能会产生相当于十倍甚至是百倍的免费的广告效应，包括报纸杂志上的照片、电视媒体的报道等。

（1）高级时装秀：每年两次的高级时装秀是维持品牌高知名度的重要手段，也是服装时尚业界的重要盛事。为了产生强烈的媒体效果，高级时装秀需要夸张的艺术氛围，让人印象深刻。例如，约翰·加里亚诺每次的时装秀也包括他自己最后的亮相。从设计师们对展示场所的选择，也可以看出每个人的独具匠心：这些展示或是在装饰华丽的百年老店内举行，或是在博物馆、歌剧院展出，甚至在跑马场（如 Dior 2004 年春 / 夏高级时装秀）和巴黎股票交易所（如 Givenchy）。而每次展示必须有 50 款以上的各式的高级女装，以 Dior 为例，大概是 5 万 ~ 20 万美元一套，但也可以根据客户要求的不同，从 2 万 ~ 100 万美元以上都有。目前举行高级时装秀的品牌有：Dior，Chanel，Givenchy，Jean-Paul Gaultier，Armani，Pierre Balmail，Jean-Louis Scherrer，Dominique Sirop，Emanuel Ungaro，Torrente。所有这些投资仅从高级定制服那里是无法收回成本的，集团品牌下的香水、化妆品、成衣才是真正的利润所在。同时，品牌设计师必须维持着明星级别的地位。

高级时装秀除了作为品牌行销手段外，还具有将时尚不断推向极限的功能。高级成衣越来越商业化，而时尚为了制造更多的梦想仍然需要维持某种“作为一种艺术形式”的声望。高级定制服便是一个好的实验室，可以对潮流的考虑为零，对市场完全忽略不计，“美”是评价它的唯一标准。某天可能会对人们的穿着方式产生革命性的改变。LVMH 集团主席贝纳德·阿诺说：“在这个领域，设计师可以将创意发挥到极限，在品质加创意上进行最终极的呈现。当消费者购买成衣时，脑海里将会出现这样的联结。”这也许就是为何 Armani 在 2005 年决定涉足高级定制服的原因所在。

（2）品牌成衣时装秀：高级品牌成衣展通常在时装周集中举行，以便促进各品牌之间的信息交流。通常高级成衣发布会上展示的服装因其的可穿性而更具流行特点。纽约、伦敦、巴黎和米兰四大时装周上的发布会是各个时装媒体捕捉潮流的主要参照，当年度时装流行趋势的预测给时装生产商提供了重要指标。

设计师几个月辛勤工作的成果，花大量金钱为十几分钟在台上的展出，是昂贵而浪费的，而且提前公开的展出促使了抄袭和模仿，但对于品牌的宣传十分有效。每隔 6 个月，设计师就要接受大家的评估，看看自己是否还热门，是否关注自己所传达的概念、注释自己的舞台布置，能够请得到哪些模特以及前排观众有哪些名人。当然，产品地位高于一切，产品是“对”的，这是个基本条件；如果让围绕产品四周的一切也都“对”了，那么就可以把一个“好产品”变成一个“热门产品”。设计师的名字会一再出现在报纸杂志上，买主会不断地光顾设计师的产品，在下一次的时装展上也会同样热门。

因此，有许多为时装秀专门服务的公司，他们提供许多服务，包括：选择模特、安排衣服修改、规划出场顺序、协调配件、联系造型设计师、发型设计师以及化妆师、处理音效、灯光、安全、餐饮以及座位安排等。Portfolio 网站采访品牌 Bill Blass 的总裁和设计总监之后获悉，纽约 2007 ~ 2008 年秋 / 冬时装周时装发布会的花费，光服装制作就达到 280700 美元，巴黎时装周会更贵一些。

中国时装周始于 1997 年，2003 年开始改为一年两次。时装周从 1997 ~ 2001 年，在连续推出“设计与产业结合”“时尚与产业升级”“品牌与设计师”“时装技术与艺术表现”“民族文化与国际时尚”的系列主题引导之后，2002 年明确提出了“品牌、时尚、创新”的战略定位。“创新”是时装周的内涵，“时尚”是时装周的表现，“品牌”是时装周的主体。十年来，时装周的活动内容不断延伸补充、调整完善，现在已经基本形成了体现战略定位的六大系列活动。

①时装艺术——设计师作品发布会。

②流行趋势——时尚新款发布会。

③新人新秀——冠名专业大赛。

④权威话语——中外媒体招待会。

⑤行家论道——北京国际时尚论坛。

⑥时尚盛典——中国时尚大奖。

这六大系列活动正推动着时装周，使其成为融产品与信息、经济与文化、生产与消费、国际与国内的综合性公共服务平台。

（3）商业促销时装秀：商业性促销表演通常会出现在成衣博览会、零售商订货会或者大型百货公司推销服装新产品时。展示的地点多在产品的销售现场或租用的有关场所。这些展示主要把服装的造型特点、穿着对象及服用功能与价格等信息明确、清晰地展示给订货商或消费者。

2. **广告**

广告的基本职能就是通过媒体向现实的和潜在的消费者传递商品及品牌观念等信息，以促进商品销售或提升企业形象。广告的应用可以追溯到古埃及，那时商人把将要出售的商品消息刻在石碑上，并放于交通要道。时装业是在 19 世纪末才把广告作为联系顾客的手段。

时装广告传递给消费者流行信息、激发他们的兴趣和情绪，这正是服装业者所需要的：吸引你的视线→提起关注→萌生愿望→博得认同→焕发热切的需求→决定购买。据法国化妆品制造业联合会的统计数据，一个高档化妆品品牌每年在广告上的投入能够达到2.2亿欧元。基本上香水产品的成本都不到售价的一半，大致为：制造成本为总投入的10%，包装成本占总成本的30%，广告成本基本要占到60%。就像“香奈儿五号”（No.5），消费者花高于成本价格10倍所购买的香水，并不仅仅是几十毫升的有香味的液体，而是这种香味形成的氛围，这个氛围使消费者仿佛置身于精美绝伦的广告大片所呈现的场景之中。

时装广告对于品牌形象的建立起着相当重要的作用，而与服装流行的推广更加密不可分。时尚杂志的“时装大片”通常都是重头戏，服装精美当然是必不可少的，关键在于营造一种心情、精神与情感，从心理上引导消费者，使其产生共鸣。

设计总监或趋势分析师对当季流行元素的背景内涵的解析、阐释的用语和独特的表达方式以及其中所传递出的气氛和感觉常被运用到广告和电视的场景里。广告的形式、撰文的灵感和策划必须与对手的广告处于对应和竞争的位置，其目的是让两者的差异性达到使人记忆深刻的目的。优秀的广告宣传活动是可以尽可能地从买主的选择中挖掘出商品的优点。

时装广告，吸引人是至关重要的。“性”常常会在广告中出现，其表达的目的与意义其实很单纯——吸引。卡尔文·克莱尔20世纪70年代末，启用当时青春玉女明星波姬·小丝任其作为牛仔服装的广告女郎，这是CK品牌众多受世人争议的广告的开始：年轻的波姬·小丝甩动着飘逸的秀发，一只手轻轻地搭在臀部，用磁性的嗓音说出了那句闻名全球的广告语：“我和Calvin亲密无间”（There's nothing between Calvin and me）。汤姆·福特为Gucci打造“性感”形象，推出了一系列引发争议的广告，其最有名的巅峰之作是2003年的广告：一名男性蹲身凝视由女性体毛修剪成的Gucci标志，引起媒体的广泛关注——当然，画面拍摄得非常美。

品牌广告中对生活方式的反映同样重要。创建于1978年的意大利品牌Diesel，自1991年起，在每季的产品广告上都打出“For Successful Living”的标语，并且以故事的形式来包装其服装系列，每季讲述一个故事。1999年推出的一系列国际性广告将俗艳与美丽、扭曲与高贵混合在一起。例如，在某个广告中，一名腿长得不切实际的模特坐在一根巨型香烟上，旁边文字注释“如何能在一天抽145根烟”，但这个形象下面的骷髅在说明另一种信息——“反抽烟”（No Smoke）。2007年春/夏系列，Diesel顺应全球变暖的趋势，推出新一季的广告主题——全球变暖（global warming ready）（图5-2），并邀请著名的时尚摄影师特里·理查森（Terry Richardson）操刀拍摄。广告的创意是：就算全球变暖导致冰川融化，海平面上升，城市被海水淹没或者被沙漠覆盖，我们依旧需要享受Diesel带来的自由主义。国内知名男装品牌七匹狼，在其双面夹克的电视广告中，通过男人在温情、谈判、工作、危险等场景中的表现，塑造了成功、精英的形象。

3. **橱窗展示**

橱窗是商店外观的重要组成部分，它的直接用途是展示、宣传商品，向消费者传递信息，因此，橱窗也是广告媒体的一种重要表现形式。一个构思新颖、主题鲜明、风格独特、造型美观、色彩和谐、富于艺术感染力的橱窗设计，可以形象、直观地向消费者介绍、展示商品，起到指导和示范的作用。

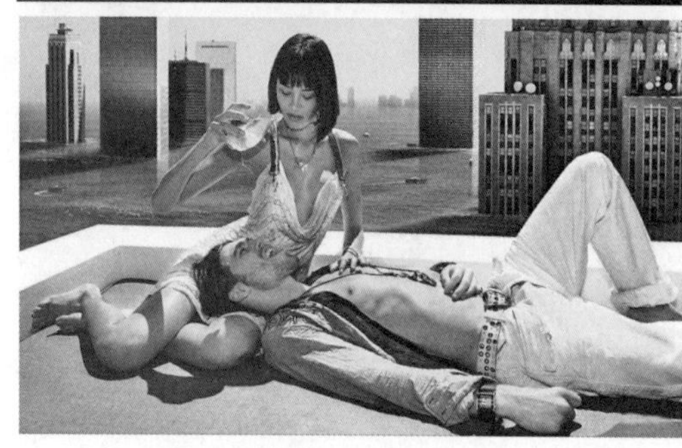

图5-2 Diesel 2007年春/夏广告主题

橱窗陈列同时也透露出流行趋势，引起并提升消费者的购买愿望，建立品牌形象。对于大多数消费者而言，逛商场可以说是了解流行趋势最快捷、最有效的方式，因为当季最流行的服饰一定会在各大商场的橱窗中展示。尽管这种传播途径没有大众传媒那样权威，也没有时装发布会一般光彩夺目，但却有其自身的独特优势。首先，商品展示这种形式覆盖面大，涉及人群广，比权威机构发布信息、少数人参加的时装发布会更有群众优势性；其次，商品在展示过程中，往往涉及销售的问题，可使买卖双方加强沟通，与其他传播途径相比有更强的互动性，更有利于品牌的发展。

橱窗布置跟广告一样，都需事先加以策划；展示部分要规划好当季的主题，以配合促销主题；合理地利用道具、商品、配件、模特、合适的标语和灯光（图 5-3）。

（1）有简单明确的主题，如圣诞节、新年、春季、秋季疯狂大减价等。

（2）定期替换，具体创造性，不重复，以建立商品的特有形象。

（3）适当的品位，过分花哨反而弄巧成拙，个人趣味性的摆设可能会吓走客人。

（4）清洁及整齐。

（5）配合适当的海报推广，向消费者提供足够的商品资讯。

（6）注意安全，不容易被消费者弄坏或弄伤消费者。

（7）橱窗模特的数目视橱窗大小而定，一般 2 ~ 4 个不等。

（8）模特所穿着的衣服应当是当时热烈推广的服装类型。

（9）色调配合方面，以橱窗背景为依据，协调搭配。

（10）以流行色调为主，参考现今流行服装类书籍而做出决定。

（11）以一款多色或一色多款为组合准则。

（12）橱窗模特姿势视乎气氛而定，可动感、可欢快、可休闲。

4. 商品陈列

陈列设计作为一门重要的专业技术，起源于欧洲商业及百货业，发展至今已有 100 多年的历史。陈列是服装设计的外延设计，其目的在于以视觉的手段推行某种“生活方式”，以此来引起

图5-3 不同品牌的橱窗展示

消费者的共鸣，最终在心理上打动消费者，促进其消费。具体而言是以商品为主题，利用不同商品的品种、款式、颜色、面料、特性等，综合运用艺术手法展示，突出货品的特色及卖点以吸引消费者的注意，提高和加强消费者对商品进一步了解、记忆和信赖的程度，从而最大限度地引起购买欲望。

新产品从概念产生直到产品到消费者手中，前期大量的工作价值体现在终端销售。终端陈列是向消费者展示产品的方式，商品的销售是非常重要的，对新品而言，增加被注意的机会需要通过陈列来实现。利用楼面的安排、空间的划分、标语、模特和灯光的布置等，有创意的展示效果，可以替设计师表达出他的想法和理念：商品的排列、堆放或堆叠，每种方式都是不同程度的流行语言。其作用是将宣传策略转换成信息传递给消费者，同时也可以最终反映出消费者对宣传企划的接受程度；陈列展示从模特的姿势透露出流行的信息，让人非常直观地解读某个品牌需要传达的流行风格，配合服饰品的模特不但示范了穿戴方式与搭配的整体感觉，形成的焦点与戏剧性效果更加强了促销的目的。

陈列展示工作者需要具有相当高的综合能力，不但要对品牌了如指掌，更要对产品定位清晰、对时尚变换的把握以及对环境造型的理解深入到位。

商品是陈列演出的重点，展示必须夸大衣服的风格，下面几点是在陈列商品时应该注意的。

（1）借助陈列辅助物：长衬衫需用衣架挂起来才能显示出它的特点；不同风格的服装需要的衣架也不相同，单层衣架能够加强表现休闲装闲散与职业装的端正，双层衣架将上衣和下装一起吊挂可以显出搭配的特点。陈列辅助物也要和衣服一样经常变换，利用每季独特的辅助物可以加强视觉效果，更好地塑造出当季的流行风格。

（2）新异性：陈列是烘托卖场气氛的手段，创新是陈列成功的关键。今日的消费者大都不喜欢长久地待在某个购物环境里，要在第一时间里俘获消费者的注意力，需要个性化、生动性的产品陈列吸引消费者的视觉，引导消费者亲近和购买。但要注意适度性与针对性。

（3）区域的划分要富有弹性：空间设计是表演的舞台，流行是不断改变的，因此展示区域必须能够随时更改。例如，店铺墙面，从地板到天花板之间，应该可以自由陈列或装饰，具有收存的功能，并可立体陈列以增加其丰富感。

（4）适当的灯光：利用照明使店铺更醒目，以使路过店前的人驻足于店铺前，并且能更清楚地看到商品的功能。对于流行款及主打款产品而言，重点照明就显得十分重要。其中重点照明不仅可以使产品形成一种立体的效果，同时光影的强烈对比也有利于突出产品的特色。当然，重点照明还可以运用于橱窗、Logo、品牌代言人及店内模特的身上。灯光还是营造空间、渲染气氛、追求完美视觉形象的保障。利用适当的灯光可以突出店内的色彩层次，渲染五彩斑斓的气氛与视觉效果，增强产品吸引力与感染力（图5-4）。

（二）销售促销

销售促销主要是通过一些促销手段，引导人们对流行的判断，产生消费需求的促销活动。促销策略的范围十分广泛，它可以是一种以长期效应为目标，将某一种概念渐渐渗透到消费者心里；也可以是为了加速新产品进入市场的过程，鼓励消费者重复购买，以增加消费量、提高销售

图5-4 与众不同的陈列

额、带动相关产品的销售；也可以锁定特定对象。大型百货商场、大中型购物超市、服装批发市场、专卖店、专业服装商城是目前我国主流的服装销售终端。通常销售促销的方式有以下几种。

1. 店面促销

零售店面促销通常采用如下方式：

（1）全店提供一种主题。

（2）在概念橱窗陈列类似的商品。

（3）借用相关企业的形象。

（4）经常举办商品的展示。

2. 主题促销（女装、男装、童装）

（1）将所有服装综合为一个主题——休闲、运动。

（2）主题可以是一种颜色、一种形象、某个节日，或某个活动主题。

（3）配合服装的是饰品配件。

3. 单一产品促销（女装）

（1）把焦点放在有实质潜力的单一产品，如青少年商品等。

（2）相对容易控制。

（3）投资的回报可能较快。

（4）通常主导女装的流行趋势。

4. 项目促销

（1）把注意力集中于当前最活跃的领域。

（2）介绍新的类型——超大轮廓、娇小尺寸、金属装饰。

（3）强调新兴设计师或路线。

（4）公布热门的流行趋势，如漆皮面料等。

5. 价格促销

（1）折扣券，采用邮寄、附于商品或广告中等方式，向潜在的消费者放送。

（2）折扣优惠，如新季服装9折优惠等。

（3）附送礼品，如新款裙子送装饰腰带、周年庆送礼等。

6. 形象促销

（1）长期投资公司的形象，如赞助某项赛事。

（2）塑造商店、品牌的观点或哲学。

（3）不以眼前的利益来衡量。

7. 联合促销

（1）通常受外在因素的煽动和资助，如促销某家厂商的品牌路线。

（2）开发或引入新的品牌。

（3）与电视媒体、电影或名人合作，如某个活动或节目的指定服装。

第三节　流行事实的确认

一、预测的检验

在服饰的生产与售卖过程中，最重要的在于如何以敏锐的判断力来确保更高的收益。能否超过往季的业绩，最终检验的标准就是能否提供消费者最需要的产品。这个过程中预测的重要性显得尤为重要。若能敏锐地觉察消费者的心理欲望，预测的服装风格在市场上将会得到认同（参见图 2–8），这样无论是创意上还是财政上都将大有收获。

流行预测是以消费者需求为前提的活动，消费需求是流行预测的推动力，在新需求的时时推动下预测活动永不停止。通过预测可以确保生产的商品正是大众所需要的。在预测的过程中，了解消费者的需求是非常重要的，它是研究、报告以及执行推荐的依据所在。当下随着消费者整体素质的提高，对流行市场的敏感度也随之提升，现代消费者需要的是：在合理的价格内，能够使其看起来漂亮；使其着装风格保持在时尚框架中；能够方便放心地购买到需要的产品；穿着舒适并且能够满足其所希望表达的形象，强化其专业、女性特质、性感、个性。

二、预测是一项共同的活动

流行是在少数人的“有意”指导下以及多数人的“无意”推动中不断循环发展的，由设计师、出版商、零售商、消费者共同创造的。流行预测同样也是一项有众多人物共同参与而完成的活动，包括色彩研究者、纤维制造商、设计师、服饰生产商、媒体人员、促销团队、营销专家、公关人员等。大家的共同参与、计划促使预测成果得以展现，流行预测人员在其中起到非常重要的协调作用。而这些预测知识以及成果可以运用于每一个环节中——生产商、设计师、零售商，甚至是消费者对自己衣橱的规划中（图 5–5）。

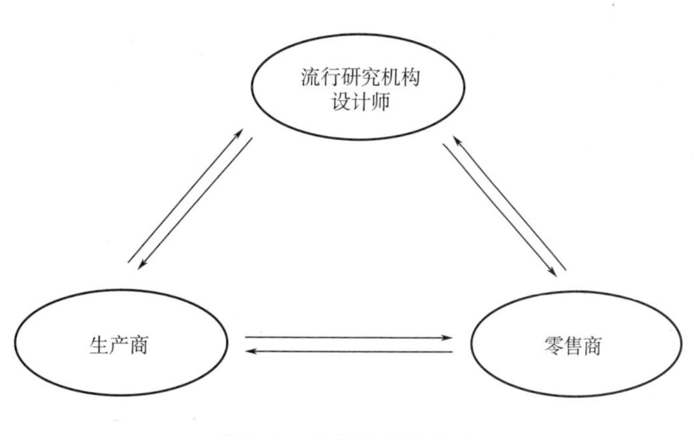

图5–5　流行市场的组成

美国流行杂志 *GLAMOUR* 所策划的“流行心理学”研究，所触及的不仅是女性对于服装的基本态度，还涉及影响人们穿着的流行变化的因素、消费习惯的改变和逛街动机、服装读者对他人的影响、影响服装选择的普通因素、整体的自我认知，甚至包括对读者如何表现自我的建议。

现在我们清楚地意识到：流行预测不仅仅是猜测，而是需要相当多的系统化资料；不仅仅靠直觉，而是需要专业化的行销知识；不仅仅是专业人才，还需要细腻敏捷的心思与聪慧的头脑。

参 考 文 献

[1] 丽塔. 流行预测 [M]. 李宏伟，王倩梅，洪瑞璘，译. 北京：中国纺织出版社，2000.

[2] 彭永茂，王岩. 20世纪世界服装大师及品牌服饰 [M]. 沈阳：辽宁美术出版社，2001.

[3] 李当岐. 服装学概论 [M]. 北京：中国纺织出版社，1998.

[4] 张星. 服装流行学 [M]. 北京：中国纺织出版社，2006.

[5] 马克·敦格. 买与不买都上瘾：从Armani到Zara的时尚行销 [M]. 林宣萱，译. 台北：英属维京群岛商高宝国际有限公司台湾分公司，2004.

[6] 刘国联. 服装心理学 [M]. 上海：东华大学出版社，2004.

[7] 杨以雄. 服装市场营销 [M]. 上海：东华大学出版社，2004.

[8] 叶立诚. 中西服装史 [M]. 北京：中国纺织出版社，2002.

[9] 赵琛. 中国近代广告文化 [M]. 长春：吉林科学技术出版社，2001.

[10] 王海忠. 中国消费者世代及其民族中心主义轮廓研究 [J]. 管理科学学报，2005 (6): 35-37.

[11] 刘君. 西方服装流行时尚解析 [J]. 美术与设计，2003 (2): 92-96.

[12] 邬嘉坤. ZARA与我国服装企业核心竞争力的比较研究 [J]. 丝绸，2006 (7): 4-5.

[13] 李熠，吴志明. 服装流行色预测方法及量化思想比较分析 [J]. 纺织科技进展，2006 (2): 82-83.

[14] 邵文艳. 经营流行——对服饰流行传播的研究 [D]. 上海：东华大学，2004.